Karl Valentin
Senkrechter Kurvenflug
im horizontalen Dreieck

SERIE

PIPER

Zu diesem Buch

Die »Technikfolgenabschätzung« – für die es heutzutage ganze
Akademien gibt – gehörte zu den liebsten Übungen von Karl
Valentin. Begeistert von allem Neuen, paßte vor allem das ganz
Abstruse besonders gut zu seiner verqueren Weltbetrachtung.
Wunderbar für ihn die Errungenschaften seiner Zeit: die Schall-
platte, der Film, das Automobil. Letzteres so fabelhaft, weil es
ihm endlich den Traum der unbegrenzten Mobilität erfüllte.
Und die Fortschritte der Medizin waren für den gelernten Hypo-
chonder die Verheißung aufs Paradies schlechthin. Freilich,
wer – wie Karl Valentin – immer auch zur größtmöglichen Kata-
strophe tendiert, der sieht auch die andere Seite des technischen
Fortschritts und kommt leicht in Bedrängnis angesichts der
Tücken der Objekte.

Helmut Bachmaier, geboren 1946 in Stuttgart, ist Herausgeber
der im Piper Verlag erscheinenden Gesamtausgabe der Werke
Karl Valentins (1882–1948). Er ist Professor für Literaturwis-
senschaft an der Universität Konstanz.

Karl Valentin

Senkrechter Kurvenflug im horizontalen Dreieck

Tücken der Technik

Herausgegeben und mit einem Nachwort von
Helmut Bachmaier

Piper München Zürich

Von Karl Valentin liegen in der Serie Piper außerdem vor:
Das Valentin-Buch (370)
Die Jugendstreiche des Knaben Karl (458)
Ich hätt geküßt… Musikclownerien (863)
Kurzer Rede langer Sinn. Texte von und
über Karl Valentin (907)
Klagelied einer Wirtshaussemmel (995)
Karl Valentins Filme (996)
Mögen hätt ich schon wollen… Das Beste aus
seinem Werk (1162)
I sag gar nix… Politische Sketche (1783)
Die alten Rittersleut. Szenen und Couplets (2027)

Originalausgabe
Juli 1996
© 1996 R. Piper GmbH & Co. KG, München
Umschlag: Büro Hamburg
Simone Leitenberger, Susanne Schmitt, Andrea Lühr
Umschlagabbildung: Piper Archiv
Gesamtherstellung: Clausen & Bosse, Leck
Printed in Germany   ISBN 3-492-22064-9

Inhalt

Uhren

Rundfunk

Kommunikation: Telefon

Erfindungen, Neuigkeiten

Technischer Fortschritt, Veränderungen

Technisches Wunder

Katastrophen, Chaos, Gewalt

Die Tücke des Objekts

Wissenschaftssatiren

Nachwort

Eine Art Vorbemerkung

Wenn ich einmal der Herrgott wär'

(Melodie: »Da streiten sich die Leut' herum.....«)

Wenn ich einmal der Herrgott wär'
Mein erstes wäre das,
Ich schüfe alle Kriege ab,
Vorbei wär' Streit und Hass.
Doch weil ich nicht der Herrgott bin,
Hab' ich auch keine Macht;
Zum ew'gen Frieden kommt es nie,
Weil's immer wieder kracht.

Wenn ich einmal der Herrgott wär'
Mein zweites wäre dies'
Ich schüfe alle Technik ab,
's wär besser, ganz gewiss.
Dann gäb' es auch kein Flugzeug mehr,
Oh Gott! Wie wär das nett!
Und ohne Angst, da gingen wir
Allabendlich ins Bett.

Wenn ich einmal der Herrgott wär'
Ich gäbe in der Welt
Den Menschen alle die Vernunft,
Die, scheints, noch vielen fehlt.
Doch weil mir das nicht möglich ist,
Die Sache ist zu dumm,
Drum bringen sich die Menschen mit
der Zeit noch alle um.

Wenn ich einmal der Herrgott wär'
Ich glaub, ich käm in Wut,

Weil diese Menschheit auf der Welt
Grad tut, was sie gern tut.
Ich schaute nicht mehr lange zu,
Wenn s' miteinander raufen;
Ich liesse eine Sintflut los
Und liess' sie all' ersaufen.

Ja, lieber Herrgott, tu das doch,
Du hast die Macht in Händen,
Du könntest diesen Wirrwarr doch
Mit einem Schlag beenden.
Die Welt, die Du erschaffen hast,
Die sollst auch Du regieren!
Wenn Du die Menschheit nicht ersäufst,
Dann lass sie halt erfrieren.

Flugzeug, Mondfahrt, Aviatik

Auf dem Flugfeld

(Vortragender erscheint mit einem kindischen Aeroplan auf der Bühne.)

AUFTRITT: *(Melodie: Behüt Dich Gott usw.)*

Es ist im Leben herrlich eingerichtet,
Daß man jetzt wie ein Vogel fliegen kann.
Und wenn sich auch noch mancher dabei s'Gnick bricht,
Das hat er für die Wissenschaft getan;
Ich fliege auch und habe hier erfunden
'nen Aeroplan so winzig und so klein
Und fliegt er nicht, denk ich wie mancher andere:
Mit'm Fliegn ist's nix – es hat nicht sollen sein.

PROSA:
Das war heut eine Hetz auf dem Flugplatz drauß'. Zum Fliegen bin i ganga, wär viel gscheiter g'wes'n, ich wär zum Fliegen fangen gangen, dann hätt ich wenigstens für meinen Laubfrosch Futter heimgebracht, so hab ich gar nix gehabt als Schand und Spott. Also die Leut habn gelacht, den ganzen Nachmittag bin ich versuchsweise mit meinen Flugmaschine auf der Wiese rumgerennt. Meinen Sie, ich wär in d'Höh naufkommen, keinen Millimeter. Ich bin ja froh, *daß* es nicht geht, aber die Blamage. 3 Jahr arbeit ich jetzt an der Erfindung hin und jetzt gehts nicht. Gehn brauchts eigentlich gar nicht, wenns nur wenigstens fliegen tät. Ich trau mir gar nicht mehr heim, ich schäm mich so viel, z'Haus hab ich heut schon feierlich Abschied gnommen von Frau und Kind, von den ganzen Hausinwohnern; mei Frau hat gsagt zu mir, wennst Dich nur einmal dafalln tätst, mit Deiner dummen Fliegerei. Ja, hab ich gsagt, da muß ich schon erst hinaufkommen, herunten werd ich mich nicht gut dafalln könna. Sehr viel Leut warn heut auf dem Flugfeld, der Aviatiker, wenn Sie sich noch erinnern könna, der sich vor 10 Jahren in Paris erstürzt hat, war heut auch drauß und hat sich meinen Flugapparat besichtigt, er hat zu mir gsagt, mein lieber Herr...., mit dem

kleinen Ding werden Sie niemals fliegen können. Ja, hab ich gsagt, ich bin ja froh, wenn ich net fliegen kann, meinen Sie, ich mag auch schon so jung sterben, wie Sie. − − Talent ghört halt dazu zum Fliegn. Mein Freund fliegt alle Woche ein paarmal, der braucht aber keinen Aeroplan dazu − mein Freund ist nämlich Reisender, der fliegt nur in Stiegenhäusern herum. Wissen Sie, s'Fliegen ist nicht gefährlich, seh'n Sie, ich setz den Fall, ich könnt mit dem Apparat wirklich flieg'n, mir passiert nie was, weil ich da viel zu vorsichtig bin (Sehns das Kissen hier). Wär ich da wirklich so 3−6000 Meter hoch in den Lüften oben und ich hätt gemerkt, daß ich stürz, hätt ich doch sofort das Kissen runter auf die Erde geworfen und wär dann draufg'falln; so hart fällt man doch nicht, wie am blanken Boden, außerdem, man fällt neben das Kiss', dann ist man auch selbst schuld, da muß eben alles gelernt sein. Das Sicherste wäre es freilich, wenn man das Kiss' schon vorher dahin legen tät, wo man später runter-fällt, aber das weiß man eben nicht. − Mein erster Plan, wenn ich fliegen hätt können, wäre nach H.... gewesen zu meinem Onkel. Dem habe ich geschrieben, daß ich am Sonntag nachmittag um 2 Minuten über 5 Uhr oder um 5 Minuten über 2 Uhr bei ihm mit der Flugmaschine eintreffe; der hat schon die größte Freud ghabt, sein Haus hat er mit Fahnen und Girlanden dekorieren lassen und aufs Hausdach hat er ein großes Plakat aufmachn lassen mit den sinnreichen Worten: »Willkommen«. Freilich hätt ich kommen wolln, wenn ich gekonnt hätte. Dies hier ist schon mein zweiter Apparat, den ich erfunden habe. Mein erster Apparat ist noch weniger geflogen als der, wo der schon nicht fliegt; jetzt könnens Ihna vorstellen, daß mein erster Apparat überhaupt nicht geflogen ist. Einen Fernflug hab ich auch einmal mitgemacht, d. h., eigentlich ich hätt einen mitmachen können, der 1. Preis 50 000 Mk., aber ich hab nicht mögen, denn bei einem Fernflug muß man doch unbedingt schon in der Früh um 4 Uhr wegfliegn, und ich steh doch wegen 50 000 Mark nicht schon in der Früh um 4 Uhr auf. Ich will Sie jetzt nicht mehr länger stören mit der vielen Rederei, sondern will Ihnen nun zei-gen, daß, wenn ich auch nicht fliegen kann, wenigstens die Cou-rage besitze zum Fliegen. Ich werde mir jetzt erlauben, einen kleinen Rundflug zu machen durch den Saal. Aus diesem

Grunde ersuche ich die werten Damen, die Hüte abzunehmen.
Also los:

So, nun werd ich mich verduften jetzt mit meinem Aeroplan,
Stell die Steuer nach dem Winde, der Motor läuft langsam an,
Immer schneller der Propeller, wird wohl nicht explodiern,
Ja, mir steht vor lauter Angst der Todesschweiß schon auf der
    Stirn.
So, nun gehts los das Fliegen, das ist dust, hoch oben in der
    Luft,
Wenn der Motor so pufft, sowie ich flieg, da ist doch nichts
    dabei,
Da brichst Dirs Gnick auf keinen Fall

»Ein Hoch der Fliegerei!«

Karl Valentin als Sturzflieger

(mit seinem selbstkonstruierten Liliput – Eindecker.)
(Apparat steht auf der Bühne, der Vorhang öffnet sich, der Impresario und der Flieger kommen herein.)
(Flieger-Aussprache des Impresario.)

»Sie haben heute das seltene Vergnügen, den Lokalschauflügen des bekannten Meisterfliegers Herrn .... beiwohnen zu können. – Schauflüge auf freien Plätzen ala »Pegoud« usw. sind keine Seltenheit mehr. – Ganz anders verhält es sich mit den Schauflügen des Herrn .... Dieser ist im Stande, durch die Erfindung seines »Elektro-Liliput-Eindekkers« nach System »Fockker« im kleinsten Saale Rund- und Sturzflüge zu vollbringen, ohne dem werten Publikum zu garantieren für etwaige Unfälle. Jn seinen bereits absolvierten Gastspielen in Hannover, Hanau, Halle, Holland, Heilbronn, Harlaching, Hellabrunn usw. wurde Herr .... mit der goldenen Medaille prämiert. Herr .... wird nun sogleich seinen Apparat in Bewegung setzen und seine Vorführungen beginnen. Die Schauflüge bestehen aus:
1. Senkrechtem Kurvenflug in horizontalem Kreisdreieck,
2. Geometrischem, 8 winkeligem Sturzsaltomordale in 80 % verdrängendem Luftkegel.
   Zum Schluß der grauenerregende Adlerflug mit 150 km.-Geschwindigkeit.
   Erfahrungsgemäss und laut polizeilicher Verordnung werden die Herrschaften dringend ersucht, bei den Flügen ruhig und ohne Angst sitzen zu bleiben und die verehrlichen, anwesenden Damen werden gebeten, die Hüte abzunehmen. Herr Lorenz Fischer bezahlt jedem, Aviatiker, eine Prämie von 1000–2000.– Mark, der im Stande ist, auf diesem Apparat hier auch nur den geringsten Flug zu unternehmen.«
VALENTIN: *(verbeugt sich)* – Antreiben! – Jetzt geht's wieder net – Hab'n g'wiss wieder die Buam im Hausgang draus g'spielt damit.!
KARLSTADT: Treib'n 'S'an, – Was is denn los?

VALENTIN: Dö gross' Muatter is 'rausganga!

KARLSTADT: Verzeihung, vielleicht hat jemand von den Herrschaften zufälligerweise eine Grossmutter dabei? – Auch nicht? – Schade!

VALENTIN: Dö hab'n scho'oane, blos hergeb'n mög'n's sie's net. – *(zum Monteur:)* Treib'n S'nochmal an – dör muass ja geh'! *(Der Propeller läuft – Apparat fährt vor.)*

KARLSTADT: Nur keine Angst – Alles ruhig sitzen bleiben! –

DIREKTOR: *(Kommt herein und schreit:)* Abstellen – Apparat abstellen – aufhören –u.s.w. *(wenn abgestellt ist)* Ja, da hört sich doch alles auf! – Was fällt Ihnen denn ein? – Mit so einem Riesenapparat hier im Lokal hier umeinander zu fliegen? Sind Sie denn von Sinnen?

VALENTIN: Nein – von hier!

DIREKTOR: Man kann doch unmöglich in so einem Raum fliegen noch dazu mit dem gefährlichen Benzinmotor!

VALENTIN: Ja – mit'n Kartoffelsalat kann i net fliegen!

DIREKTOR: Was glauben denn Sie, was da alles passieren kann! – Wenn da ein Tropfen Benzin heraustropft – die Damen haben alle teure Hüte auf und elegante Kleider – wenn was passiert, – bezahlen Sie den Schaden?

VALENTIN: Ausgeschlossen!

DIREKTOR: Na also! *(zu Karlstadt:)* Schuld sind aber Sie! – Denn Sie haben mir die Nummer als ganz ungefährlich erklärt! – Das hätten Sie doch selbst einsehen müssen, dass das unmöglich hier zu machen ist! – Sie sind doch der Jmpresario? *(zu Valentin:)* Nicht wahr, das ist doch Jhr Jmpresario?

VALENTIN: Sehr angenehm!

DIREKTOR: Sag'n S'einmal, is denn der damisch?

VALENTIN: Ja, den hat einmal der Propeller g'streift – seit der Zeit is er blödsinnig!

DIREKTOR: Ja, das merkt man! – Also, g'flog'n wird da herin nix! Glauben Sie, ich lass' mir sämtliche Lüster und Lampen kaputschlagen! Räumen Sie sofort die Bühne ab! – Schluss machen und schleunigst das Lokal verlassen! – Vorwärts! *(ab:)*

KARLSTADT: Wer war denn dös?

VALENTIN: Dös muass a ehemaliger Feldwebel g'wesen sein, –

so – jetzt hab'n mir's! – Jetzt steh'n wir da wie's Kind vor'm Flugapparat!

KARLSTADT: Ja, – ich kann auch nichts dafür! – Ich hab' halt auch g'meint –

VALENTIN: Ja, – g'moant und – g'flog'n is zweierlei! –

KARLSTADT: Ja, gar so unrecht hat er nicht – es ist schon ziemlich klein da herin!

VALENTIN: Zu klein! –

KARLSTADT: Das wär direkt kleinlich, wenn man da umeinanderfliegen täte!

VALENTIN: Sowas g'hört überhaupt im Freien g'macht!

KARLSTADT: Natürlich!

VALENTIN: Aber, man kann von dö Leut' net verlanga, dass bei dera Kält'n in's Freie 'nausgehnga! – Ja – sag'n S'es halt dö Leut, dass's verbot'n is!

KARLSTADT: Hochgeehrte Damen und Herren! – Hab'n Sie, wie Sie – wie man da nur lachen kann!

VALENTIN: Weil S'g'sagt hab'n, – hab'n Sie wiesie!

KARLSTADT: Ich mein' doch – hab'n Sie, wie *Sie*!

VALENTIN: Wie ich?

KARLSTADT: Ich spreche doch mit dem Publikum!

VALENTIN: Dann müass'n S'sag'n, – wie *es*!

KARLSTADT: Wenn Sie's besser können, wie ich – bitte schön!

VALENTIN: Ja, – ich kann überh[a]upt net red'n, blos flieg'n!

KARLSTADT: Also, dann sind Sie ruhig! – Hochgeehrte Herren und Damen! *(Propeller geht zweimal los.)*
Haben Sie – wie Sie – wenn Ihnen das sozusagen – oder irgend jemand beispielsweise – im Falle dass Sie gewusst hätten – oder widrigenfalls ohne direkt – oder bisher gesagt inwiefern – nachdem naturgemäss es doch ganz gleichgültig – erscheint, ob so oder so – im Fall es sein könnte, – oder es ist, wie erklärlicherweise – in Anbetracht oder vielmehr – warum es so gekommen sein kann oder muss – so ist kurz gesagt, kein Beweis vorhanden, dass es selbstverständlich erscheint, in welcher zur Zeit ein oder mehrere in unabsehbarer Weise sich selbst ab und zu zur Erleichterung beitragen, ohnedem wir ja trotzdem nicht fl[ie]gen können, da es doch die Direktion ausdrücklich verboten hat. – Mir tut es natürlich unendlich leid,

meine Herrschaften, – Ihnen wird's ebenso leid tun, – aber meine Wenigkeit kann natürlich da auch nichts mehr dagegen machen. – Ich bitte Sie deshalb, vielmals um Verzeihung – auf Wiederseh'n, meine Herrschaften! *(ab.)*

VALENTIN: Ja – also entschuldigen S'vielmals!

Ende!

Wenn die Menschen fliegen können

Zukunft, Zukunft, bring' uns neues, schreit das Menschenheer,
Fahren können wir auf Erden, über Land und Meer,
Wenn wir nun noch Flügel hätten, wär'n wir vogelfrei,
Darum schon im Voraus lebe, hoch die Fliegerei.

Wenn die Menschen fliegen können, ach, da wird es fein,
Fliegt man dann nach einem Ausflug in a Wirtshaus nein,
Will man drinn' die Zech nicht zahlen, »fliegt« man wieder
    raus,
Da kommt man, das ist doch lustig, aus dem »Flieg'n« net raus.

Wenn die Menschen fliegen können, ach, da wird es duft,
Fliegt da Maxe und da Karre, droben in der Luft,
Doch sie müssen öfters runter, das ist einerlei,
Denn da droben in den Lüften, kriegt ma' ja kein' Schmei
    (Tabak).

Wenn die Menschen fliegen können, ach, das wird a Fraid,
Flieg'n dann in den Lüften droben, ach, de kosch'ren Laid,
Doch beim alten Moritzleben geht das nimmermehr,
Denn sei Nas, die is zum fliegen ebbas viel zu schwer.

Wenn die Menschen fliegen können, ach, das wird pikant,
Sieht man auch die Backfisch fliegen, das wird int'ressant,
Doch die Mäderl sind viel schlauer, als gar mancher Mann,
Und zu einem Ausflug zieh'n sie Flugpumphoserln an.

Wenn die Menschen fliegen können, ach, das gibt 'nen Spaß,
Fängt es plötzlich an zu regnen, sind die Flügel naß,
Weicht der Leim auf an denselben, brechen diese ab,
Und du »fliegst« im Trapp hinunter, drunten brichst dir's
    Gnack.

Wenn die Menschen fliegen können, ach, das wird probat,
Gibt es droben viel zu essen, wenn man Hunger hat,

Reißt man 's Maul auf unter'm Fliegen, eine halbe Stund',
Und dann hat man Flieg'n g'fressen, zirka drei, vier Pfund.

Wenn die Menschen fliegen können, ach, das wird a Pracht,
Fliegt man dann zu der Geliebten, heimlich bei der Nacht,
Fliegt bei ihr zum Fenster eini, zu der süßen Maus,
Kommt da Vater mit dem Stecken, fliegt man wieder 'raus.

Wenn die Menschen fliegen können, trug ich eben vor,
Will denn der noch nicht bald aufhör'n, klang es an mein Ohr,
's Publikum wird ungeduldig über mein Couplet,
Und daß ich net selber »'nausflieg'«, druck i mi und geh'.

Der Flug zum Mond im Raketenschiff

Technische Bühnenneuheit
von
Karl Valentin und Liesl Karlstadt.
Entstanden: August 1928.

PERSONEN:

1. Pilot	Karl Valentin
2. Pilot	Liesl Karlstadt
Bürgermeister	Rückert
Oberregierungsrat	Pfafferl
Schutzmann zu Pferd	Trösch
1. Photograph	Flemisch
2. Photograph	Junker
Fliegerbraut	Pegory

Stadträte – Musiker – Zeitungsmann

Ort der Handlung: Oberwiesenfeld
Abends 6 Uhr.
II. Szene spielt im Film
III. Szene Absturz auf der Bühne.

Wind geht. Karlstadt kommt mit grosser Ölkanne und füllt ein. Valentin schmiert Propeller, Seitensteuer, Fernrohr, Globus, Fähnchen und Zigarettenetui. Karlstadt fängt einstweilen an einzupacken.

VALENTIN: Horch nur grad, der Wind. Ausgerechnet weil wir starten wollen muss ein solcher Wind gehen.

KARLSTADT: Geh, du wirst dich doch vom Wind nicht abhalten lassen.

VALENTIN: Müssen wir morgen fliegen [?]

KARLSTADT: Geh red kein Schmarrn, morgen kann auch ein Wind gehn.

VALENTIN: Dann fliegen wir halt übermorgen.

KARLSTADT: Weisst du das so gewiss, dass übermorgen kein Wind geht?

VALENTIN: Übermorgen geht selten ein Wind.

KARLSTADT: Jetzt mach und helfe mir einpacken, ich weiss nicht, du druckst immer so rum. Du tust grad, als ob wir bloss nach Grünwald nauf fliegen täten. Wir fliegen doch direkt ins Ungewisse.

VALENTIN: Wohin?

KARLSTADT: Ins Ungewisse.

VALENTIN: Die ganze Zeit hast gsagt wir fliegen zum Mond. Jetzt fliegt er auf einmal wo anders hin.

Karlstadt und Valentin packen mitsammen ein (Zwei Worte, Rauscher, Schlicht, Trinke Spaten, Grammophonplatten von Hieber, Schinken, Odol (Maggi) [,] Eckel Weine usw.)

VALENTIN: Tu net alles hint nein, sonst schnackeln wir um.

Sie packen immer schneller ein.

KARLSTADT: Ja, wieviel willst denn noch mitnehmen. Es geht ja schon nichts mehr nei.

VALENTIN: *(legt noch ein Paket hin)* Dös muss noch nei.

KARLSTADT: So, jetzt is aber Schluss. Für meine Füsse brauch ich doch au[ch] an Platz.

VALENTIN: Geht gar nix mehr nei?

KARLSTADT: Na.

VALENTIN: Saxendi auf des Packl gehts jetzt z'samm. *(Bringt ein ganz kleines Päckchen zum Vorschein. [)]*

KARLSTADT: Wenn ich dir sag, es geht nimmer nei, dös nehmen wir halt das nächstemal mit.

KARLSTADT: *(geht mit Kiste ab. – Valentin geht zum Fernrohr und schaut hinein. – [)]*

KARLSTADT: *[(] kommt wieder. [)]*

VALENTIN: Ja, was is denn dös, ich seh kein Mond. Mit freiem Aug seh ich ihn schon aber im Rohr drinn net. Nicht einmal verschwommen.

KARLSTADT: Dann hast halt nicht richtig eingestellt; wennst richtig einstellst, brauchst bloss neinschaun.

VALENTIN: Dann siehst nix.

KARLSTADT: Ja, sieht man wirklich nix. Hast es kaputt gemacht?

VALENTIN: Na. *(schaut wieder in das Fernrohr, während Karlstadt am anderen Ende herumschraubt, tut den Deckel runter.)*

KARLSTADT: Der lasst an Deckel drauf, da glaub ich freilich, dass d'nix siehst. Wenn Du herunt schon so dappi bist, möcht ich dich erst droben sehn.

VALENTIN: Der ghört ja drauf. Wie wirs kauft haben, war er drauf, der ghört zum Schutz für das Glas.

KARLSTADT: Ja, aber wenn d' neinschaust doch net.

KARLSTADT: Vergessen hast ihn halt.

VALENTIN: [S]iehst, so was ähnliches ist mir schon passiert, das ist genau so wie das, nur wieder anders. Da bin ich im Hofbräuhaus g'wesn und hab mir Weisswürscht kauft. Moanst ich hätts essen können? Ich hab's net nunterbracht.

KARLSTADT: Warum nicht? Warens z'hoass?

VALENTIN: Na, aber ich hab vergessen, dass ich's Maul aufmach.

(Karlstadt nimmt das Dekorationstuch vom Flugzeug fort und räumt es auf. Valentin hat mittlerweile das Fernrohr umgedreht und schaut verkehrt hinein.)

VALENTIN: Wie weit meinst du, dass der Mond weg ist?

KARLSTADT: Das weiss ich schon. 383 000 km.

VALENTIN: An Schmarrn. Wenn wir in der Sekunde 1000 km fliegen, dann sind wir in 10 000 Jahr noch net droben, so weit ist der weg. Schaug nei, wennst es nicht glaubst.

KARLSTADT: *(schaut hinein)* Du schaugst ja verkehrt nei.

VALENTIN: Meinst, dass das was ausmacht?

KARLSTADT: Freilich *(dreht es herum)* Jetzt musst neinschaun!

VALENTIN: Ja, jetzt brauch ma nimmer nauffliegen, jetzt ist er so wie so schon da. *(Geht hinters Fernrohr und zeigt mit der Hand, wo der Mond sich befindet.)*

(Wind geht)

KARLSTADT: Ja horch nur grad, der Wind.

VALENTIN: Nach die Winde dürfen wir uns nie richten. Was hätt denn da der Globus getan, wie er nach Amerika nüber ist und hat Amerika entdeckt. Wie ihm seine 13 Brieftauben auskommen sind.

KARLSTADT: Wer?

VALENTIN: No, der Christian Globus, der Amerika erfunden hat.

KARLSTADT: Du spinnst ja, du meinst an Kolumbus.

VALENTIN: Na, der hat Globus g'heissen, habn wir in der Schul g'lernt.

KARLSTADT: Ja, wo du in d' Schul gangen bist. Da schau hin *(deutet auf den Globus)*. Diese runde Pappendeckelkugel ist der Globus und der wo Amerika entdeckt hat, war der Kolumbus.

VALENTIN: *(deutet auf den Globus)* Dös is der Kolumbus.

KARLSTADT: *(geht und bringt Raketen. [)]*

VALENTIN: Gib fein Obacht, der Feuerwerker Burg hat gsagt, die sind mit dem stärksten Pulver g'füllt. Da wenns eine z'reisst, sind von uns nicht einmal mehr Fäserl da, viel weniger Antome. Und dann hat er g'sagt, wir dürfen keine Zigarre, Zigarette hinbringen, also überhaupt kein Feuer, nicht reiben, stossen, nicht fallen lassen und nicht berühren.

KARLSTADT: Ja, berühren muss mans ja, wie willst du sie denn sonst einsetzen.

VALENTIN: Das ist's ja eben.

KARLSTADT: Berühren darf man's schon, müss'n mir halt vorsichtig sein, da ziehn wir halt die Handschuh dazu an.

(Beide ziehen die Handschuhe an.)

KARLSTADT: Setzt du sie ein?

VALENTIN: Ja. *(Dabei fällt ihm die Zigarette in die Raketenkiste.[)]* Jessas!

(Beide werfen die Raketen raus und suchen die Zigarette.[)]

KARLSTADT: Da liegens jetzt.

VALENTIN: Und wir waren auch bald dag'legen. Da wären wir

aber weiter kommen als wie zum Mond, da wären wir direkt
ins Jen[s]eits hinüber.

KARLSTADT: Mir halt er die ganze Zeit einen Vortrag und dabei
lasst er die brennende Zigarette neinfallen.

VALENTIN: Wennst mich du so saudumm fragst und da ist's mir
halt rausg'fallen aus'm Mei.

KARLSTADT:*(wirft mit Wucht eine Rakete in die Kiste)* 's ist ja
wahr, auch mich warnst immer und er lasst die Zigarette hin-
einfallen.

VALENTIN: *(wirft ebenfalls eine hinein)* Deswegen brauchst
auch net glei so umeinanderz'werfen.

(Beide legen in Zeitlupe die Raketen in die Kiste. [)]

VALENTIN: 9 Stück sind schon drin, wir brauchen nur noch 3.

KARLSTADT: Was willst mit 3. Da kommst höchstens nach Rosenheim.

VALENTIN: Hast Du eine Ahnung vom Mondflug. Über Rosenheim kommen wir nicht. *(Legt die erste Rakete ein)* Noch eine.

KARLSTADT: *(stösst die dritte fest auf den Boden).*

VALENTIN: So, so, hau nur fest hin, das machst net lang.

KARLSTADT: Horch, da ist ja kein Pulver drinn [.]

VALENTIN: Die hat höchstens der Lehrbub gmacht. *(wirft sie
weg. Karlstadt gibt ihm noch eine. Alle 3 schmiert Valentin.)*

KARLSTADT: *(trägt die Kiste fort und kommt gleich wieder. [)]*

VALENTIN: Weisst du, was mich wundert, ist dir noch nichts
aufg'fallen.

KARLSTADT: Dass keine Leut da sind?

VALENTIN: Ja, bei so einem wissenschaftlichen Werk kommt
keine alte Sau. Bei einem Mondflug. Ein Maskenzug wenn ist,
da stehen die Leut' schon um 5 Uhr früh am Marienplatz.
Wir, wo unser ganzes Können eingesetzt haben und unser ganzes Vermögen, 600 Mark, neigeschustert haben, da kommt
kei Mensch. Mei Braut ist auch nicht da.

KARLSTADT: Vielleicht haben's d'Leut net g'wusst.

VALENTIN: Freilich, es ist ja überall ang'schlagen.

KARLSTADT: Das ist jetzt nur so dumm, wenn wir wegfliegen
und wir kommen nimmer, weiss kein Mensch, wo wir sind.

VALENTIN: Nacha kommen wir halt net in'd Illusterierte.

KARLSTADT: Weisst was, jetzt ist noch kein Mensch da, jetzt könnten wir einen Probeschuss abgeben, damit wir sehn, obs funktioniert.

VALENTIN: Tat ich nicht! Tat ich nicht. Bedenk einmal, wir haben 12 Raketen, davon schiessen wir jetzt eine ab, dann haben wir noch, 12 weniger 1 ist 11, 11 Raketen. Jetzt sind wir vielleicht so weit vom Mond weg *(zeigt, wie weit)* und wir haben die 11 schon abg'schossen, jetzt bräuchten wir die zwölfte, – schon flagg mer herunt.

KARLSTADT: Ach geh, die eine darf nichts ausmachen. Weisst ich mein, wenns den Apparat z'reisst, dann könnten wir noch g'schwind davonlaufen.

VALENTIN: Ja, wenn du unbedingt meinst, so kannst ja einen Probeschuss abgeben. Ich muss sowieso noch was besorgen. *(Will gehen)*

KARLSTADT: So ein Feigling bist du. Zuerst hast g'sagt, willst allein fliegen, und jetzt traut er sich kein Probeschuss abgeben.

VALENTIN: Weisst, mir ist's ja nur wegen dem z'reissen.

KARLSTADT: Das bin ich auch noch net g'wohnt. Wir müssen halt vor allen Dingen das Flugzeug festhalten.

VALENTIN: Ja, das wirst du derhalten können, wenn die Raketen naussaust.

KARLSTADT: Wir müssen halt d'Brems auch noch neintun. So und jetzt lass krachen.

VALENTIN: Ich hab schon mehr Probeschiß als Probeschuß.

KARLSTADT: Jetzt halt Dir die Ohren zu – –

VALENTIN: Wie kann ich die Ohren zuhalten, wenn ich einschalten muss.

KARLSTADT: Na machst halt d'Augen zu!

(Geben einen Schuss ab und laufen dabei nach vorwärts, als ob das Flugzeug schon starten wollte, während Valentin schimpft und beide das Flugzeug an den alten Platz schieben, reitet Schutzmann herein)

SCHUTZMANN: Himmelsabrament, was ist da los? Wer hat da geschossen?

KARLSTADT UND VALENTIN: Mir.

SCHUTZMANN: Ja, san denn Sie d'Mondflieger und wollen da
herhint starten, wo's doch g'heissen hat, der Start ist auf dem
Flugplatz Schleissheim *vorm* Fliegerschuppen. No dazu warten Behörden und hunderttausend Menschen schon 3–4
Stund lang.

VALENTIN: *(hat sich einstweilen dem Gaul genähert, streichelt
ihn)* Ja, wo is er denn? *(Nimmt auch noch den Vorderfuss.)*

KARLSTADT: Ja, *vor* dem Schuppen können wir nicht starten.

SCHUTZMANN: Warum denn nicht, erklärens mir das amal.

VALENTIN: Vorm Fliegerschuppen gehts nicht, bedenkens amal,
wenn da eine Rakete in den Schuppen saust, wo 100 Benzin-
fassl drinstehen. Da tät's uns alle dabreseln.

SCHUTZMANN: Ja, so g'scheit bin ich schon selber[.] Aber dös ko
doch koa Mensch net schmecka, dass Sie dahinten wegfliegen
wollen. I derf halt sofort nüberreiten auf die andere Seiten und
Meldung machen, dass alles da rüberkommt. Wann wollens
denn starten?

VALENTIN: *(unterbricht)* Is mei Braut auch drüben?

SCHUTZMANN: Was kümmert mich Ihre Braut. Ich möchte wissen, wann sie eigentlich starten wollen.

KARLSTADT: In zehn Minuten.

SCHUTZMANN: Was? In 10 Minuten. Da darf i aber schaun,
dass ich nüberkomm.

VALENTIN UND KARLSTADT *(schauen sich an)*

KARLSTADT: Dass doch bei uns gar nix klappt.

VALENTIN: Ich kauf mir derweil a Mondhalbe, bis d'Leut kommen *(wollen gehn [)]*

*(Geschrei. Die Mauer schiebt sich über die Bühne, der Schutz-
mann, Valentin und Karlstadt drängen die Leute zurück und
schimpfen.)*

1. PHOTOGRAPH: Verzeihen sie, sind sie die Piloten?

VALENTIN: Ja. Mondpiloten – [V]ollmondpiloten.

1. PHOTOGRAPH: Könnte ich Sie vielleicht Filmen?

KARLSTADT: Aber schnell muss gehn. Wir haben nimmer lang
Zeit.

2. PHOTOGRAPH: *(stellt sich vor den ersten. Beide streiten um den Platz.)*

SCHUTZMANN: Halt, streits net lang, stellts euch nebeneinander hin.

1. PHOTOGRAPH: So, jetzt bewegen Sie sich. Rauchen Sie eine Zigarette oder tun Sie sonst was. Nur nicht ruhig halten.

2. PHOTOGRAPH: So, jetzt machen Sie eine schöne Pose und bitte ganz ruhig stehen bleiben.

1. PHOTOGRAPH: Sie sind wohl verrückt. Kann ich nicht brauchen. Bewegen.

2. PHOTOGRAPH: Ruhig halten.

1. PHOTOGRAPH: Bewegen.

2. PHOTOGRAPH: Ruhig halten.

VALENTIN: Ja, was sollen wir jetzt tun, wir können uns doch nicht während dem ruhig halten bewegen. Machens halt Sie z'erst und dann Sie!

1. PHOTOGRAPH: Achtung! Aufnahme! *(Valentin und Karlstadt verrenken sich die Glieder)* Danke!

2. PHOTOGRAPH: So und jetzt eine schöne Pose *(Valentin hält mit der Hand Karlstadt das Gesicht zu)* Nicht so. Jetzt ist's hübsch. 1, 2, 3 Dankeschön.

(Von hinten: Auto-Hupe, Hurra-Rufe. Musik und Behörden marschieren auf. [)]

SCHUTZMANN: *(drängt wieder die Menschenmauer zurück – Musik spielt weiter – Schutzmann reitet wieder vorbei, Das Pferd wird scheu, rennt die Leute um, wirft Kinoapparat um. – Scherben – Musik aus. Begrüssung.)*

OBERBÜRGERMEISTER: Gestatten Sie: Oberbürgermeister, Herr Oberregierungsrat, Herr Vorderregierungsrat, Herr Hinterregierungsrat. Einen Moment bitte. *(Betritt Rednerpult)*: Meine Herren Stadträte! Meine Hochwohlgeborenen Flieger und sehr geehrte Zuschauermassen! Und so beschliesse ich meine Rede mit den Worten: Den beiden tollkühnen Fliegern ein dreifaches Mond-Heil.

(Ein Tusch)

(Schutzmann reitet verkehrt vorbei und verliert Pferde-
äpfel [)]

2. PHOTOGRAPH: *(nimmt Äpfel auf)* Man kann nie genug Bilder für die Illustrierte haben.

OBERBÜRGERMEISTER: Bitte Herr Oberregierungsrat, nehmen
sie Besen und Schaufel und entfernen Sie hier diese störende
Kleinigkeit.

OBERREGIERUNGSRAT: *(kehrt zusammen und will gehen).*

VALENTIN: Hä, Sie, da haben's oa vergess'n. *(Nimmt mit der Zan-
ge einen auf und legt ihn auf die Schaufel. Oberregierungsrat
legt Besen weg und legt einen mit der Hand auf die Schaufel.)*

OBERBÜRGERMEISTER: Bitte, meine Herren, wenn Sie so freundlich wären und uns einige Details über den geplanten Flug und
über das Flugzeug selbst zum Besten geben wollten.

VALENTIN: Ja, da wollen wir nichts sagen drüber, das ist ja sozusagen ein Geheimnis.

OBERBÜRGERMEISTER: Glauben Sie, dass der Flug gelingt.

KARLSTADT: Natürlich. Die Voraussetzungen sind ja alle da.
Mir sind da – das Flugzeug ist da – der Mond ist da.

VALENTIN: Das einzige Hindernis ist die Entfernung von der
Erde zum Mond.

OBERBÜRGERMEISTER: Und haben Sie die Hoffnung, dass Sie
wiederkommen.

KARLSTADT: Ja, die Hoffnung die müssen wir ja haben.

VALENTIN: Die Hoffnung ist das Wichtigste. Wichtiger, wie die
Raketen und das Flugzeug. Wir haben halt 12 Raketen und
1 Stück Hoffnung.

OBERBÜRGERMEISTER: Sie glauben also mit Bestimmtheit, dass
Sie hinaufkommen.

VALENTIN: Na, ja, ganz nauf will ich grad net sagen – runter
kommen wir bestimmt, wenn wir naufkommen.

OBERBÜRGERMEISTER: Und dennoch möchte ich Sie gebeten
haben, uns wenigstens einige Äusserlichkeiten vom Flugzeug
zu erklären.

VALENTIN: *(zögert)*

KARLSTADT: Erklär's ihm nur, der verstehts ja doch nicht.

OBERBÜRGERMEISTER: Wie bitte?

VALENTIN: Er hat gemeint, es wird schwer zum verstehen sein. Also, das ist ein Ölkandl. Das ist die Seitensteuer – das ist die Einkommensteuer – – na, das Höhensteuer. Das ist das Steuerrad. Also Sie sehen, wo man hinschaut, nix wie Steuern. Das ist der hintere Führersitz, das ist der vordere Führersitz. Der hintere Führer sitzt immer hintern vordern Führer, ausser, das Flugzeug ist verkehrt, dann sitzt der hintere Führer *(besinnt sich)* auch hint. Das sind die verschiedenen Manometer, – das is der oa, – das is der ander, des is der dritte und der, des wissen wir selber noch net, zu was der g'hört. Da müssen wir erst d'Gebrauchsanweisung lesen. Das ist die Antenne, mit der wir die Nachrichten von der Erde empfangen und das ist das Mikrophon. Mittels diesem können Sie alles hören, was uns im Äther begegnet. Wir sprechen alles hinein und auf jedem Flugzeugschuppen der ganzen Welt stehen grosse Lautsprecher, das können Sie alles hören.

KARLSTADT: Wart, ich fürs ihm vor. Also ich schalte *(jetzt spricht Lautsprecher mit)* ein. Ich spreche Ihnen jetzt eine kleine Probe vor. Sehr geehrter Herr Bürgermeister. Wir werden jetzt zum Mond fliegen. Schluss *(Lautsprecher allein)* Gute Reise!

(Allgemeines Erstaunen)

VALENTIN: Jetzt das is gut. Der red ja mehr, als ma neinred – – Ah, jetzt weiss ich's da wird von Gestern noch a Trumm Gespräch dring'wesen sein und das ist mit raus'grutscht.

ALLE MITEINANDER: Das ist ja grossartig, das ist fein usw.

VALENTIN: Und dann sind wir noch ganz raffiniert ausgestattet. Sehen Sie hier haben wir die Raketen. Funktionieren die Raketen nicht, so fliegen wir mit dem Benzinmotor weiter. Funktioniert der Benzinmotor nicht, so fliegen wir mit den Raketen weiter. Gehn der Motor und die Raketen nicht, dann fliegen wir sowieso.

OBERBÜRGERMEISTER: Das ist ja ganz fein ausgedacht.

VALENTIN: Sie sehen also, wir haben alles, was andere Mondflieger nicht haben.

OBERBÜRGERMEISTER: Andere Mondflieger?

VALENTIN: Ja, so, wir sind ja die ersten.

OBERBÜRGERMEISTER: *(in Positur)* Die Stadt hat mich beauf-
tragt, für die Kollossalen Verdienste im Flugwesen, Ihnen den
Mondraketenflugzeugverdienstorden anzuheften.

VALENTIN: Das ist noch zu früh, lassens uns erst naufkommen.

OBERBÜRGERMEISTER: Bitte, verderben Sie uns die Freude
nicht. Wir sind ja froh, wenn wir losbringen. Also bitte. *(Musik-Tusch.)*

VALENTIN: Nacha is was anders. *(Lässt sich photographieren)*

OBERBÜRGERMEISTER: *(zur Karlstadt)* Auch Ihnen ist ein solcher Orden zugedacht [.] *(Musik-Tusch)* Und meinen herzlichsten Glückwunsch.

VALENTIN: Also jetzt müssen wir's packen. Jetzt dürfen wir
nicht mehr lang rumdreckeln. *(Verabschiedet sich von allen
Honoratioren, von den Photographen, von Karlstadt)*

KARLSTADT: Ich flieg ja mit.

*(verabschiedet sich von Schutzmann und Souffleur, dann fängt
er zu weinen an. Karlstadt tröstet ihn.)*

OBERBÜRGERMEISTER: Gestatten Sie eine Frage. Warum ist Ihr
Freund auf einmal so bedrückt.

KARLSTADT: Er wartet schon den ganzen Tag auf seine Braut
und die ist immer noch nicht da. *(Zu Valentin)* Schau, vielleicht ist sie unter den Leuten.

VALENTIN: *(Sucht unter der Menschenmauer und ruft)* Braut,
Braut, Marie! *(Weinend kommt er zurück und steigt ins Flugzeug)*

OBERBÜRGERMEISTER: Gute Reise!

VALENTIN: Was sagens?

OBERBÜRGERMEISTER: Gute Reise!

VALENTIN: Ich versteh Ihna net.

OBERBÜRGERMEISTER: Gute Reise!

VALENTIN: Ah So – – ja, ja *(lässt den Motor anlaufen.)*

OBERBÜRGERMEISTER: Halt! Halt! Sie können doch unmöglich in die Menschenmenge hineinfahren. Da sind 100 Personen tot.

VALENTIN: Ach, übertreibens nur net. 10 oder 15 kanns ja der-
schlagen aber mehr net.

(treiben die Menschenmenge zurück.)
  (Währenddem kommt die Braut. Er macht ihr Vorwürfe. Sie
  herzt ihn und weint. Heult. Er weint auch.)

BRAUT: Schatzi, geh nicht fort von mir.
VALENTIN: Ich geh ja nicht, ich flieg ja.
BRAUT: Denk doch an unsere Kinder! *(und weint)*
VALENTIN: Bitte, Herr Oberregierungsrat, nehmens Ihnen um
  meine Braut an. *(Braut fällt Pfafferl um den Hals und heult
  laut auf. [)]*
VALENTIN: Marie, Marie, sei vernünftig – – Sei ein Mann.
OBERBÜRGERMEISTER: Und jetzt meine verehrten Zuschauer,
  wenn Sie die Flugplatzsirenen zum drittenmal heulen hören,
  werden die beiden Tollkirschen, ah, tollkühnen Flieger
  schussartig den Erdball verlassen. Also los! *(Erstes Zeichen.
  Propeller läuft an, dann plötzlich abstellen.)*
VALENTIN: *(steigt aus dem Flugzeug)*
ALLE: Was ist denn los, ist was passiert?
VALENTIN: Ich muss mich noch rasieren lassen.

(Zweites Zeichen)
  (Braut fällt in Ohnmacht, Karlstadt erfrischt sie mit Ölkandl.)

ZEITUNGSMANN: Das Neueste vom Neuen. Der S. S. P. eine totale Mondfinsternis!

(Propeller abstellen)

BÜRGERMEISTER *liest:* Heute den (so und so vielten) eine totale
  Mondfinsternis *(Zwischenrufe:* Das wär ja heut) Ja da
  schauns nauf. *Mond verfinstert sich. (Allgemeiner Tumult.
  Sie können nicht fliegen usw. Braut freut sich.)*
VALENTIN: Mir fliegen doch.

*(Mond finster. Raketen krachen. – Musik: Muss i denn zum
Städtele hinaus.)*
Vorhang zu.
(Flugzeug wird abgeschoben.)

Vorhang auf und alles auf der Bühne geht ab.
Schreien alle: Mondheil – Auf Wiedersehen.
Vorhang zu. Raketenflugzeug. (Trickfilm [)] fliegt von der Erde
weg und nähert sich dem Mond, stößt an.

Film. Absturz

Vorhang auf.
Valentin und Karlstadt kriechen unter den Trümmern heraus.
Halten die Glieder[.]
Karlstadt nimmt Schinken.
Vorhang zu.
Vorhang auf.
Oberbürgermeister nimmt ihnen die Orden wieder.

Finis.

Eisenbahnreise, Straßenbahn

Brief aus Bad Aibling

Hochwohlgeborne Anni,
liebe Ehefrau und Zuckerschneckerl!
Liebe Frau, teile Dir mit, daß ich in Bad Aibling gut angekommen
bin. Bei Ankunft stiegte ich aus demselben Zug aus, in dem ich am
Bahnhof zu München einstug. Ich wollte absichtlich nicht weiter-
fahren, da mein Billet nur bis Aibling giltig war und hätte eine
Weiterfahrt keinen Wert gehabt, da ich sonst über Bad Aibling
hinausgefahren wäre. Die Eisenbahnfahrt ging sehr schnell, da es
ein Schnellzug war; wäre es ein Güterzug gewesen, wäre die Fahrt
natürlich nur Güter gewesen. Während der Fahrt aßte ich mein
Butterbrot und trankte meinen roten Wein. Vis a vis von meinem
Schnellzug sauste auf einmal ein anderer Schnellzug vorbei, und
zwar so schnell, daß man die Leute, die in dem anderen Schnellzug
saßten, kaum grüßen konnte, obwohl vielleicht ein guter Bekannter hätte drin' sitzen können, der dann am andern Tag zu mir
gesagt hätte: Gestern waren Sie aber protzig, weil Sie mich nicht
einmal gegrüßt haben. Die Fahrt ging dann weiter; auf einmal
wurde es mir not, die Notkabine war aber besetzt; deshalb zogte
ich die Notbremse und der Zug stund. Der Eisenbahnbesitzer
stiegte zu mir in das Kouplet und schrub mich auf wegen Notzug.
Die Gesellschaft im Eisenbahnwagen war sehr gemischt; es waren fast lauter Reisende, nur der eine Herr, der in München den
Zug versäumte, fuhr nicht mit, da er wahrscheinlich mit dem
nächsten Zug hinter uns nachkommt, in welchem wir auch gefahren wären, wenn wir den Zug auch versäumt hätten. – In Aibling
selbst ist es sehr schön, obwohl es, glaube ich, sehr wenig Wein-
kneipen dort gibt. Gestern hat mich der Kurarzt untersucht, er
meint, ich müßte nicht im Bett liegen bleiben, nur bei Nacht müsse
ich im Bett bleiben, was ich ja so wie so getan hätte. Sonst geht es
mir gut; ich habe mein eigenes Zimmer, in welchem sechs Betten
stehen, wovon aber nur vier besetzt sind von vier Patientinnen. –
Ich schließe nun meinen Brief und hoffe, daß Du mir in München
treu bleibst, wenigstens halbe treu, zum mindestens viertel über
zwei. Meine Uhr habe ich vergessen, wir haben auch in unserem
Schlafsaal keine Uhr.

Wen Du mir wieder schreibst, schreibe bitte in den Brief hinein, wieviel Uhr es ist. Ich weiß gar nicht, wie ich an der Zeit bin. Es grüßt und küßt Dich
hochachtungsvollst
ergebenst
Nepermuk *Semmelmeier*, Patient,
z. Zt. Bad Aibling.

Express

Express heisst »schnell« – und schnell heisst – mir pressiert es – und wenn es einem pressiert, so hat man es eilig – und »eilig« heisst wieder »geschwind« – und geschwind wollte ich mir in der Nähe des Hauptbahnhofes München, vor Abfahrt meines Zuges noch eine Tasse Kaffee kaufen: »Bohnenkaffee«, denn es war ja anno dazumal im Jahre 1937.

An einer Strassenecke schillerte mir ein silbernes Schild entgegen »Express-Kaffee«. Flux hinein – hingesessen – Ober! schnell eine Tasse Kaffee – aber der Ober hat meinen Ruf scheint es nicht gehört, denn im »Express-Kaffee« fauchten, zischten und dampften zwei vernickelte Dampfkessel, die auf dem Buffet standen, die Maschinistinnen, die diese beiden Expressdampfkaffelokomobilen bedienten, – drehten Wechsel auf und zu, schoben leere Kaffetassen hin und her, drehten an Rädern herum und ich hätte stundenlang Lust g[e]habt, zuzuschauen, wenn ich Zeit gehabt hätte. – Meiner Schätzung nach, hatte ich den Ober cirka 10 Mal gerufen »Ober, schnell eine Tasse Kaffee; ich muss zum Zug!« Und ebensooft erhielt ich das Echo »Sofort mein Herr!« – – Zwei Expressdampfmaschinen und nur ein Ober! So ein Betrieb kann nicht funktionieren – eher zwei Ober und [n]ur ein Expressdampfkessel. – »Ober« rief ich, ich habe höchste Zeit – und endlich stand nun die erwünschte Tasse Kaffee vor mir auf dem Marmortischchen. – Aber nun war es zu spät. Den Expresskaffe schnell auf einen Schluck hinunterzuschütten, war unmöglich, denn dieser sprudelte noch vor Heissigkeit. – Ich hätte ja nochmal 10 Minuten warten müssen, im Kaffe »Express« bis der Expresskaffee trinkhaft gewesen wäre. Ich zappelte vor Nervosität beim Zahlen des nichtgetrunkenen Expresskaffee's und nahm mir aber trotzdem noch einige Minuten Zeit, die ich noch übrig hatte, dem Ober zu erklären, dass das kein »Expresskaffeehaus«, sondern ein »Güterzugkaffeehaus« ist. Aber, Gottseidank gibt es in München doch noch einige »wirkliche Expresskaffehäuser«. Um nur eines zu nennen: Das alte Kaffee Gröber am Viktualienmarkt; da geht man hinein, – setzt sich nieder schon kommt eine Kaffeekellnerin mit zwei grossen Kannen auf dich zu – fünf, sechs, leere Kaffeetassen stehen schon auf dem Tisch bereit – sie frägt Dich: »Hell oder dunkel«, – schüttet Dir die Milch und den Kaffee zugleich in die Tasse, wie Du Dir ge- wünscht hast und alles das in einer Zeit von wenigen Sekunden. – – – Das ist Tempo!!! – Und auf dem Firmenschild dieses Ge- schäftes steht nur mit einfachen Buchstaben:

        (Kaffee G r ö b e r, gegründet 18..)

Ich suche eine neue Köchin

[…] Na, na, dös ist wirklich nimmer zum aushalten mit dene Dienstboten; ich muß unbedingt schaun, daß ich eine neue Köchin auftreib. Schauns, den ganzen Tag renn i umananda vom Pontius bis zum Pilatus, das heißt i fahr mit der Trambahn von mir daheim bis zum Arbeitsamt und vom Arbeitsamt wieder heim. Ja da verfahrt ma ja mehra Trambahngeld als was die ganze Gaudi eigentlich wert ist. Ja und wies auf dera Trambahn manchmal zuageht, dös is koa Art und Manier mehr, dös san ja die reinsten Sturmangriffe auf heimatlichem Boden. Ja da kann ja a anständiger Mensch gar nimma mittoa; da tats ja bald not, daß die Straßenbahndirektion an jede Trambahn hint an eigna Sanitätswagen anhängt, daß die Toten und Dadruckten glei selba mitnehma könna. Schauns, heut hätt' ich vorm Arbeitsamt in der Thalkirchnerstraße in die Trambahn einsteigen wollen, ja da hört sich der ganze Gemüshandel auf; sie moana ich bin neig'stiegn, na neigwoakelt hams mich wie an Dreipfennigtraller; wia da ganze Haufa drinna war, schreit der Schaffner »z'erst aussteign lassen«, drucka uns dö wieder raus, wia dö heraus san, gehts wieder hinein, a so a Hammel fahrt mir mit der brennenden Zuban-Zigarettn ins Ohrwaschel nei, an andere Frau schreit »mei Kind, mei Kind«. Wie ich glücklich auf der Plattform eingepreßt droben steh schreit ma wieder oane: Grüß Gott Frau Magistratsfunktionär! Ich schau schnell um, derweil hau i mir d'Nasen an dö Messingstanga o, daß ich fünf Minuten ganz damisch war.

Im Wagen drinn ist no a Sitzplatz, sagt der Schaffner zu mir, schickens Ihna Frau, sonst setzt sich a andere hin. I lauf nei, derweil sitzt scho a andere brettlbreit dort. – I steh natürlich im Wagen drinn und kann mich nirgends anhalten, weil dö Reama z'hoch drobn san, de hams natürlich nur für de langhaxeten naufg'macht; umanandagwackelt bin i wia a alter Kuhschweif.

Im Wagen drinn darf niemand stehn bleiben, sagt der Schaffner zu mir – saudumms Gerede sag i – soll ich mich vielleicht auf eahnan Schweinskopf naufsetzen?

Kaum hab ich das g'sagt, kommt eine Kurven, mi wirfts auf d'Bank hin, fall auf a Frau nauf, dö laßt ihren Marmeladhafen falln und die ganze Schmier liegt am Boden. Sie saudummes Frauenzimmer, sagt de zu mir, könnens denn nicht Obacht gebn? Wenn Sie's Trambahnfahrn net verstehn, dann fahrns nächste Mal mitn Zeppelin oder hängens Ihna hint an d'Schutz-vorrichtung an, daß d'Leut net so belästigen, Sie Jubilä-umstrankhafa. Sie redens eahna fei net so leicht, sonst kann sein, daß ich in eahnan G'sicht drinn a Watschenrennats abhalt, Sie Flugga, Sie!

In der Aufregung hätt ichs Aussteign a noch bald vergessen. Aussteign will ich, so lassens mich doch naus. Moanas die blö-den Leut hätten mich nauslassen? Wärns net eing'stiegn, sagt a so a frecha Hundsbua zu mir – ja sag i, ich wär froh, wenn i net nei'gstiegn wär in den Magistratischen Folterkarren. Daß Kraut natürlich noch ganz fett wird, kimmt der Trambahngeneral a noch daher! Billetten vorzeigen! Meinas i hab mei Billett noch g'funden? Derweil falls mir ei, daß ichs Billett in Geldbeutel nei to hab; ich greif glei nach mein Tascherl, derweil hab ich bloß mehr an Taschenriemen in der Hand. O du hl. Josef, hab i g'schrien, mei Tascherl hams ma g'stohln, halts'n auf, halts'n auf! – Moanas oa Mensch hätt den aufg'halten, der mir mei Tascherl g'stohln hat, no ja, es hats ja auch niemand wissen könna, wers g'stohln hat, das kann man auch nicht verlangen. Beim Umsteigen steig i wieder in denselben Wagn eini, wo ich ausg'stiegn bin, also mit dera Fahrerei werd ma ganz blöd und dappig und drum sag ich:

SCHLUSSGESANG: *(Melodie: Das süße Mädel)*

> Koa Mensch ist zu beneiden,
> der Trambahn fahren muß,
> mir ists nur z'weng die Stiefi,
> i ganget lieber z'Fuß.
> Laufst hin auf d'Haltestelle
> und hast di abig'hetzt
> und willst in Wagen eini
> schreit alles raus »besetzt«,

genau als wie die Wilden
die Leut san wia verruckt,
beim Aus- und Einsteigen werd ma
derstessen und dadruckt,
ob Männer, Fraun und Kinder,
die Leut wern nimmer g'scheit,
ich frag oan Mensch, wo bleibt da
die Münchner G'mütlichkeit.
Ja auf der Münchner Trambahn
da kann man was erleben,
da braucht ma net nach Indien
zu de Zulukaffern gehn,
die Zulukaffern san gegen uns direkt human,
und wenns ma dös net glaubn,
na fahrns mit unsrer Straßenbahn.

Automobil, Verkehrsordnung

Auf dem Marienplatz

Der große Dichter Josef Ding (i. J. 1520) sagte einmal: »– Es geschieht nichts Neues unter der Sonne!« – Dieser Mann hatte nicht recht oder vielmehr, er hatte nicht Gelegenheit, heute über den Marienplatz in München zu gehen. Der Marienplatz vor hundert Jahren (siehe Maillingersammlung) – der Marienplatz von heute (siehe Marienplatz). –

Schutzleute zu Podium (früher zu Pferd) und Schutzleute zu Fuß tuen ihre Pflicht. Der Marienplatz ist voll von Menschen – Kindern – Automobilen – Radfahrern – Hunden – Tauben – Glockenspiel – Straßenbahnen – Pflaster – Inseln – Wasserpfützen – Bogenlampen – Zigarrenstumpeln – verfallenen Straßenbahnbilletten – Kontaktdrähten – Bezingestank usw. – Das sind die gegenwärtigen Requisiten des Marienplatzes.

Was treiben diese Requisiten? – Die Schutzleute dirigieren – die Menschen folgen nicht – die Gaffer gaffen – staunen, betrachten, grinsen, spotten, sind noch biedermeierisch veranlagt, wollen sich nicht an den Großstadtbetrieb gewöhnen. – Die Automobile hupen – die Radfahrer warten – die Hunde stören – die Tauben fliegen – das Glockenspiel klingt hell und »rein« – die Straßenbahnen kommen daher und fahren dahin – das Pflaster wird betreten, die Inseln ebenfalls – die Wasserpfützen auch ebenfalls – die Bogenlampen brennen (nachts) – die Zigarrenstumpel liegen – die weggeworfenen Straßenbahnfahrscheine flattern – die Kontaktdrähte schwingen wie Spinnennetze – der Benzingestank ist tagtäglich – und somit der ganze Zustand unerträglich. –

Die Verkehrspolizei will nur das Beste. – Aber wir Städter sind immer noch Dörfler. – Macht es der Schutzmann so – gehn wir so. – Macht es der Schutzmann aber so – gehen wir gewiß so. – Es soll klappen, aber es klappt nicht. Vielleicht in zehn Jahren, dann ist es aber zu spät, bis dahin fliegen wir alle. – Für die ganze Verkehrsordnung hätte ich eine neue Idee. Und jeder Irrsinnige wird mir voll und ganz beistimmen. Mein Prinzip wäre folgendes:

Am Montag dürfen in ganz München nur Radfahrer fahren,

am Dienstag nur Automobile, am Mittwoch nur Droschken, am Donnerstag nur Lastautos, am Freitag nur Straßenbahnen, am Samstag nur Bierfuhrwerke. Die Sonn- und Feiertage sind nur für Fußgänger. Auf diese Weise könnte nie mehr ein Mensch überfahren werden.

Ein zweiter Vorschlag wäre auch dieser:

Von 6−7 Uhr morgens sind die Straßen Münchens nur für Radfahrer, von 7−8 Uhr für Automobile, von 8−9 Uhr für Droschken, von 9−10 Uhr für Lastautos, von 10−11 Uhr für elektrische Straßenbahnen, von 11−11¼ Uhr für das Glockenspiel, von 11¼−12 Uhr für Bierfuhrwerke bestimmt.

Lernt Autoen!

Ich wollte mir kürzlich einen elektrischen Straßenbahnmotorwagen kaufen, selbstverständlich kein modernes Modell, sondern einen alten ausrangierten, aber doch noch gut laufenden Wagen, wie dieselben vor ungefähr 15–20 Jahren in unserer Stadt noch in Betrieb waren. Es waren die Wagen mit 30 Sitz- und 16 Stehplätzen. In welchen ich also allein bequem Platz gehabt hätte. Elektrische Fahrzeuge ziehe ich den Benzinfahrzeugen vor, schon deshalb, weil der elektrische Strom nie stinkt. Aber ich hatte kein Glück, denn der Magistrat gibt keine alten Straßenbahnwagen an Privatpersonen ab, weil dieselben zu Arbeitswagen umgebaut werden und andernfalls werden auch dieselben an Kleinstädte, die Großstädte werden wollen, verkauft.

Ein mir es gut meinender Freund riet mir von dem Ankauf eines elektrischen Straßenbahnwagens vollständig ab, denn er meinte, wenn ich auch einen solchen bekommen hätte, würde mir als Privatmann niemals gestattet werden, damit die Straßenbahngeleise in München zu benützen. Mein Freund hatte recht, und ich war überglücklich, daß ich keinen Straßenbahnwagen bekommen habe. Ich setze den Fall, daß ich aber doch einen Wagen bekommen hätte, dürfte aber im Straßenbahngeleise nicht fahren, so hätte ich mir eben im schlimmsten Falle auf meine Kosten in der Stadt Privatgeleise legen lassen müssen, was mit sehr großen Unkosten verbunden gewesen wäre. Außerdem fährt unsere Münchner Straßenbahn mit allen ihren erdenklichen Linien immer die gleichen Strecken, was bei einem Privatstraßenbahnwagen nicht möglich ist. Da ich doch alle Tage wo anders hinfahren will, müßte ich natürlich alle Tage andere Geleise legen lassen. Dies war der Grund, daß ich mich zu einem schienenlosen Fahrzeug entschlossen habe. Dazu gehört auch das Auto. Um das Autofahren zu erlernen, braucht man ein Auto; wenn man sich keines kaufen kann, muß man eines zu leihen nehmen. – Aber wer leiht ein Auto her? – Niemand! – Doch! Bei jeder Kraftfahrschule bekommt man dieselben inklusive Fahrlehrer zu leihen, natürlich muß man dasselbe nach Beendigung des Kurses wieder zurückgeben, ebenfalls den Lehrer. – Den Privatfahrkursen geht eine polizeiliche ärztliche Untersuchung voraus. 1. Man muß das weibliche oder männliche fünfte Lebensjahr überschritten haben. 2. Man muß gegen Autounfälle geimpft sein. 3. Man wird auf Farbenblindheit untersucht, damit man die Manschetten der Verkehrsschutzleute, weißblau – nicht mit den weißroten Schutzmannspodiumen verwechselt. 4. Außerdem muß der Autofahrenlernenwollende sehr gut hören können, damit er einen eventuellen Zusammenstoß mit einem anderen Fahrzeug sofort wahr nimmt. 5. Weiter muß der Kraftkursfahrschüler gut rechnen können, damit er sämtliche Unfälle, die ihm bei der ersten Alleinausfahrt zustoßen, im Kopfe addieren kann. – – –

Leider muß ich hier meinen Artikel beschließen, da die Redaktion der »SS« [= Süddeutschen Sonntagspost] schon zum dritten Male anruft, um Einsendung des Manuskriptes. Also lernt automobilieren!

Das Volksauto

Melodie: 3 Lilien…

1.

Es war einmal ein junger Mann
Und eine junge Frau,
Die kauften sich ein Auto,
Das war sehr schlau.

2.

Ein Volksauto um 1000 Mark
Das schafften sie sich an,
Es hatten alle beide
Viel Freude dran.

3.

Er machte einen Autokurs,
Bekam den Führerschein,
Und fuhr mit seiner Gattin
Nach Garmisch 'nein.

4.

Doch bei der allerersten Fahrt,
Es war als wie ein Traum,
Da fuhren sie vor Garmisch
An einen Baum.

5.

Der Baum, der war ein Hindernis,
Der Baum, der gab nicht nach,
Doch das Auto ward zertrümmert,
O welche Schmach!

6.

Da lagen alle Dreie,
Sie, Er und 's Autolein,
Verwundet und zerschellet
Im Abendschein.

7.

Das Auterl wurde abgeschleppt,
Es sah ganz furchtbar aus,
Und ihn und sie – sie fuhr man
Ins Krankenhaus.

8.

Dass Er dabei den Kopf verlor,
Das leuchtet jedem ein,
Und Sie wurd' aufgenommen
Im Witwenheim.

9.

Zum Autofriedhof, wie Sie seh'n,
Fuhr man das Auto 'naus,
Es hauchte, kaum geboren,
Sein Dasein aus.

10.

Und die Moral von der Geschicht',
Ich offen sagen muss:
Ihr Leute, fahrt's nicht Auto,
Geht's lieber – z'Fuss!

Warum werden die
Menschen von Fahrzeugen überfahren?

Tausende von Menschen arbeiten auf der Welt täglich daran, neue Fahrzeuge zu erfinden, die immer schneller auf dem Erdboden dahin rasen. (Weil es ja bekanntlich auf der Welt sehr pressiert.)

Aber es hat den Anschein, daß kein Einziger von diesen gescheiten Menschen einmal daran denkt, ein Fahrzeug zu erfinden, mit welchem kein Mensch mehr überfahren werden kann. Unter Überfahrenwerden verstehe ich jetzt natürlich nur das, was man »Überfahren« heißt. Also: Wenn die – *Räder* – eines Fahrzeuges, über einen menschlichen Körper darüber weg fahren, und eine Verletzung oder den Tod des Überfahrenen zur Folge haben. Nehmen wir einmal die gefährlichsten Fahrzeuge ins Auge; das vierräder Luxusauto und das Lastauto.

Meine Hauptfrage über dieses weltwichtige Problem ist die: Müssen von einem Fahrzeug die Räder sichtbar sein – und warum –??? Die elektrische Straßenbahn hat, gewitzigt durch traurige Erfahrungen, die Anhängewagen seit ungefähr 8 Jahren mit Verschalbrettern versehen und seit dieser Zeit ist auch nicht einer unter die Räder gekommen, darum – weil eben keiner hinein kommen konnte, da die Verschalbretter fast den Boden streifen. Beim Motorwagen der elektrischen Straßenbahn hat man eine patentierte Fangvorrichtung angebracht, aber nicht zum allgemeinen Vorteil; wenn man auch allerdings nicht unter die Räder kommen kann, so hat man doch das traurige Vergnügen, erdrückt zu werden, wenn das komplizierte Fangnetz nicht funktioniert oder zu spät bedient wird. Nun kommt das Tragikomische: Bei sehr vielen Technikern, Ingenieuren, kurzum Fachleuten habe ich dieses Thema angeschnitten und überall habe ich nur eine Antwort erhalten. Man höre und staune: Wie würde denn das ausschauen, wenn die Räder von jedem Fahrzeug vollständig verdeckt wären und die Karosserien bis zum Boden reichen würden. Also meine Herrschaften. – Nur deshalb vielleicht, weil ein *Auto* nicht mehr fesch aussehen würde, müssen alljährlich Tausende von *Menschen* ihr Leben lassen!

Ehrgeiz

Roman oder Film von Karl Valentin (Skizze) 1945.

Norbert ist das Kind einer armen Familie, schon mit 3 Jahren deutete er in alten Zeitschriften auf die schönen abgebildeten Autos. »Audi« stammelte er und zum Christfest schnitzte ihm der Vati aus einem Klumpen Holz ein kleines Auto bemalte es scheckig mit Oelfarbe, die grosse Freude wurde noch grösser als er es seinem ebenbürtigen Spielkameraden vorführte. Drei Tage nur dauerte dieser Kinderstolz, denn der kleine 7jährige Rudi von der Villa des Barons Stöckl fuhr am Spielplatz vorbei mit einer kleinen Luxuslimousine. Rudi sass im Auto und fuhr ohne Ross und Benzin, er brauchte nur treten. Norbert verachtete seinen Wagen, liess denselben am Spielplatz stehen und lief weinend zur Mutti und erzählte ihr er möchte auch so ein Audi wie Rudi. Dieser Vorgan[g] legte bei dem kleinen Norbert nicht das schändliche Samenkörnchen des Neides sondern des Ehrgeizes in seine Seele und wucherte weiter wie ein böses Unkraut. Nach drei Jahrzehnten erblühte die Giftpflanze Ehrgeiz, die die Seele eines Menschen vernichten kann. Norbert war älter geworden, sein Autofimmel blieb bei ihm. »Was willst du für einen Beruf ergreifen« frug man ihn als er aus der Schule kam. Natürl[ic]h nur Chauffeur. Des Menschen Wille ist sein Himmelreich. Er wurde es. »Herrschafts-Chauffeur (gelernter Automechaniker)« stand in der Zeitung. Bald stand Norbert an der Werkbank und war mit grosser Begeisterung stets bei der Sache; aber sein Arbeitskamerad neben ih[m] war leider geschickter, deshalb reparierte dieser die schönen Luxus-Limousinen und er nur alte Lieferwagen und dergleichen. Gekränkter Ehrgeiz. – So ging es in seinem Berufsleben immer weiter. Immer wenn er glaubte – Jetzt – kam es wieder anders. Es war gar nicht so, dass er selbst ein Herr sein sollte, nur Knecht, aber ein Chauffeur, der ein schönes Auto führen wollte. In der Chauffeurschule war es selbstverständlich, sein Wunsch, Fahrer eines grossen Luxusautos zu werden, wurde vom Lehrer der Fahrschule etwas spöttisch beantwortet. »Ein Chauffeur muss jeden Kraftwagen führen können und sei es ein Kehrrichtwagen«. Norbert sah sich aber immer im Geist in feiner Livree evtl. so[ga]r mit feinen Goldschnüren behängt, Chauffeur eines Fürsten oder noch höher, eines Königs oder gleich gar eines Kaisers. Träume sind ja erlaubt. Tatsächlich wurde irgendwo durch irgenswie eine Chauffeurstelle frei und zwar bei Universitätsprofessor von Glut. Norbert wurde sein Chauffeur, er stand vor dem Spiegel, seine Augen hatten Hochglanz angenommen und Norbert sagte bei sich: »Man muss nur Geduld haben«. Glüc[k] kennt er aber gar nicht, denn Glück und Glas wie leicht bricht das. Schon nach einigen Tagen berichteten die Zeitungen in Schlagzeilen den Ausbruch des Krieges. Norbert wurde militärverpflichtet, Kraftfahrabteilung. Statt mit einer schönen Luxuslimousine auf den neuen Autostrassen zu fahren musste er gefährliche Munitionsladungen an die Fronten fahren. Aber das Glüc[k] war ihm wieder hold. Er bekam eine neue Zustellung und durfte seinen Lastwagen mit dem schönen Wagen eines Generals vertauschen, bekam auch eine feinere Uniform und fuhr mit Stolz an den Nachschubkolonnen der Lastautochauffeure vorbei. Wieder dauerte es nur einige Wochen, der Feind rüc[k]te ins Deutsche Reich ein unsere Soldaten mussten zurück, immer weiter zurück, der Generalstab ebenfalls und auf der Flucht durch eine kleine Stadt, es war seine Heimatstadt, die er trotz der vom Terror verwüsteten Häuserruinen sofort erkannte. Er bat seinen General ob er einen kleinen Umweg fahren dürfte um zu sehen, ob sein Geburtshaus noch steht und seine Familie noch lebt und fuhr, als er die Bitte bejaht bekam, durch die Ruinen dorthin. Seine Nerven hatten seine gewohnte Fahrsicherheit in dieser Situation gestört, er blic[k]te scheu an die Häuserreihen und seine Augen suchten das Heimathaus. Da lief ihm von der linken Seite ein spielendes Kind direkt in den Wagen hinein. Ein Schrei einiger Passanten. Norbert stieg zitternd aus dem Wagen, zog das tote Kind aus den Rädern und mit dem Kind eine Schnur an welcher ein kleines aus Holz geschnitztes Auto hing. Es war dasselbe Auto, das Norbert als Kind zum Weihnachtsfeste bekommen hatte. Mit stierem Blick betrachtete Norbert das kleine Spielzeug. (Ende des Films).

Fahrrad

All Heil!

(Vortragender erscheint auf der Bühne mit einem alten Fahrrad im Rennfahrerkostüm.)

»All Heil!«

Wenn man es eigentlich richtig betrachtet, ist das Radfahren eine große Dummheit, ich zum Beispiel fahrat ja überhaupt nicht, aber mir hat es der Doktor angeordnet, der hat gsagt, ich muß Bewegung haben, sonst wer ich zu fett. Fett bin ich eigentlich gar nicht, ich bin nur leichtsinnig, wie oft bin ich schon auf d'Nacht ohne Glocke ausgefahrn, nicht amal a Licht hab ich dabei ghabt und auf d'Nacht fahr ich nämlich nie ohne Licht aus, bei Tag weniger, außerdem es wird recht früh Nacht, wie im Winter z. B. und im Winter fahr ich überhaupt nicht.

Was hab ich schon Malheur gehabt mit der Radlerei, erst kürzlich bin ich wieder mit samt mein Radl unter a Automobil nein kommen, hab aber ein Glück dabei ghabt, wie mich nämlich der Chauffeur unterm Wagen rauszieht, sieht er, daß ich a guter Spezi zu ihm bin, natürlich hat er dann sofort bremst, sonst wär ich sicher kaput gewesen.

Darum sag ich, ich gib die ganze Radlerei noch auf, aber bevor ich mein Rad an einen andern verkauf, fahr ich doch lieber selber – – und mir tut das Radfahren gut, a jeder kanns net vertragen, da muß ma guat beinand sei, vor allem gsund auf der Brust *(husten)*, jetzt halt ich auch was auf meine Gesundheit, ich leb auch darnach. Bei mir heißts in der Früh um 11 Uhr raus ausn Bett, a paar gute Zigaretten graucht, z'Mittag a Paar Regensburger in Essig und Oel, recht sauer, das macht Blut. – Nachmittags a kleine Radtour nach Holzkirchen, aber gemütlich 70 km, wenn man dann so erhitzt am Ziel angelangt ist, net glei in a warms Lokal neisetzn, nein! zuerst im Hausgang a bisserl stehn bleibn, wos recht zieht, damit der Schweiß am Körper trocknet, wenns einem dann s'frieren anfangt, net glei a warme Limonad trinken, nein! a frische Maß Bier schnell nunterstürzen und a Stück Brot danach essen, dann kann einem nix passieren – – nur auf diese Weise bekommt man ein kräftiges, blühendes Aussehen, schauns mich an, ich treib das schon wochenlang, a paar Freunde von mir habn diesen Rat auch befolgt, dene fehlt jetzt nix mehr.

Wissen sie, jetzt fahr ich nur mehr zum Vergnügen, früher wars ja mein Beruf, ich war nämlich früher roter Radler, weil ich aber amal als roter Radler am »Gründonnerstag« »blau« gmacht hab, hat mir mein Prinzipal »weiß« gmacht, daß dös net sei darf und hat mir kündigt.

Verunglückt bin ich auch schon, bei meinem letzten Rennen hab ich einen Nabelbruch erlitten, – Gabelbruch, seit dieser Zeit hab ich die Rennerei satt. In meinem Leben mach ich kein Radrennen mehr mit, ich muß zu meiner Schande gestehen, daß ich bei jedem Rennen der letzte war, da war aber nicht ich schuld, da warn die andern schuld, weil die immer vorgfahrn sind. Sehn sie, der wo den ersten Preis gmacht hat, der Mann ist krank, der leidet an Verfolgungswahn, der bildet sich bei jedem Rennen ein, der zweite fahrt ihm immer nach und das war auch beim letzten Rennen der Fall – natürlich fährt doch der wahnsinnig dahin, der muß doch der erste werden, das ist aber doch nicht gerecht, da soll man doch nur gesunde Leute dazu nehmen, wie ich. Wenn auch nicht jeder der erste wird, das soll auch bei einem richtigen Rennen nicht vorkommen, das hätte auch gar keinen Sinn.

Ein paar Mal hab ich ein Schrittmacher gmacht, aber da hams mich net brauchen können, weil ich zu wenig Luft verdrängt hab.

Zum Schluß erzähl ich ihnen noch was Interessantes, ich bin nämlich Vorstand des Radlerklub »d'Windhund« und da habn wir von der Fabrik eine neue Standarte kriegt und in die Standarte war mit goldenen Buchstaben der schöne Spruch hineingestickt »Der Mensch denkt und Gott lenkt«, – wie ich das gelesen hab, hab i mei Radl packt, bin auf d'Straß naus, hab mi nauf gsetzt und bin dahin gefahren, ohne zu lenken – – dabei wirfts mich glei so an a Hauseck hin, daß ich drei Stund blödsinnig war – na, hab i mir denkt, mi drahts es nimma o mit euchere Sprüchwörter und seit dieser Zeit lenk ich wieder selber. –

All Heil!

Radlerpech!

Strassenlärm – Trambahngeräusch u. s. w.

STIMMEN: Obacht, obacht, jessas, jessas, auh, auh. *(Schrei)*

VALENTIN: Jessas jessas lauft mir des saudumme Frauenzimmer direkt ins Radl nei – i ko nix dafür – ja hörn denn Sie net, wenn i scho a halbe Stund läut – Sie narrisch G'wachs Sie!

KARLSTADT: Geh redens doch net so unverschämt daher, Sie ham ja überhaupt nicht glitten, was wollns denn, Sie sind mir direkt mit Ihrm Radl zwischen d'Füass neig'fahrn.

VALENTIN: Jch hab schon g'litten, ich hab schon g'litten, Sie ham mich nicht g'hört – dös ist nicht wahr, wer hat net g'litten, ich hab schon g'litten – ich hätt net g'litten, für was hab ich denn an mein Radl a Glockn dran – Herr Nachbar, Sie san Zeuge, hab ich an mein Radl a Glockn dran oder nicht?

ZEUGE: Das stimmt, da muss ich dem Herrn Radfahrer recht geben, der Herr hat an seim Rad a Glockn dran.

KARLSTADT: Das glaub ich schon, dass er a Glockn dran hat, aber g'litten hat er net mit der Glockn.

ZEUGE: Geh Frau, redens doch net so dumm daher, was hätt denn dö Glockn an dem Herrn sein Radl für an Zweck, wenn er net läuten tät damit.

VALENTIN: Ja dös glaub i a.

KARLSTADT: Ach Unsinn was verstehn denn Sie? Da schauns her wie ich ausschau, den ganzen Rock hat er mir zerrissen.

VALENTIN: So, hättens halt kein Rock anzog'n.

KARLSTADT: Das tät Ihnen so passen, gell!

VALENTIN: Ja mir schon, mir schon.

KARLSTADT: Sie Herr Schutzmann, wo sinds denn – Herr Schutzmann sinds so gut, kommas amal her da bitte, da kommas amal her, Herr Schutzmann.

VALENTIN: Ja da brauchas dann an Schutzmann dazua – da kommas glei immer mit'n Schutzmann daher.

SCHUTZMANN: Ja was ist denn hier los?

VALENTIN: Dö Frau is mir direkt...

KARLSTADT: Schauns amal her, ist nicht wahr, lassens mich zuerst reden.

VALENTIN: Lassens mich reden, die Frau ist mir…

KARLSTADT: Dieser Herr ist mir soeben mit seiner Glocken in mein Rock neigfahrn.

VALENTIN: Ah ist gar nicht wahr, schauns Herr Schutzmann, ich bin mit meim Radl auf der Strass'n g'fahrn und hab mit der Glock'n g'litten, die Frau hat mich nicht g'hört und mei Glock'n auch nicht und ist mir direkt in d'Füass nei… dö Herrn hams alle g'sehn.

KARLSTADT: Ah – ja wia ma nur so lüagn kann, das ist ja alles gar nicht wahr, was der sagt, das ist nicht wahr, Herr Schutzmann – – – Sie sind ja ein Schwindler.

VALENTIN: Jch bin kein Schwindler, ich bin ein Radfahrer.

KARLSTADT: Jst nicht wahr, ich bitte Sie Herr Schutzmann, schauns, schauns lassens mich doch auch reden, ich bin gewiss eine anständige Frau, nicht wahr…

VALENTIN: Ja dös sieht man, sie wern a anständige Frau sein.

KARLSTADT: Jch bin grad im Moment so allein auf der Strass ganga…

VALENTIN: Da ham mas ja.

SCHUTZMANN: Na na, wenn Sie schon einmal allein auf der Strasse gehn, dann sind Sie keine ganz anständige Frau.

VALENTIN: Ja, dös denk i mir eben aa.

KARLSTADT: Ja bitte so lassen Sie mich doch zuerst ausreden, nicht wahr, ich bin grad auf der Strass gegangen, auf einmal kommt der Depp mit seim Radl daher gsaust und fahrt mir mit 40 klmt. Geschwindigkeit direkt zwischen d'Füss nei, schauns mich doch an, wie ich ausschau, mein ganzer Rock ist dafetzt.

VALENTIN: Jch gib ihna nacha an Depp – ah – ich bin ganz langsam g'fahrn.

KARLSTADT: Jch verlang von dem Herrn ein Schmerzensgeld.

VALENTIN: So – ham Sie vielleicht an eahnan Rock Schmerzen?

KARLSTADT: Ah Schmarrn – aber Sie als Schutzmann – ich bitte Sie, Sie haben doch die Pflicht, dass Sie diesen saubern Herrn Radfahrer sofort aufschreiben, das kann ich von Ihnen verlangen, jawohl!

VALENTIN: Ja mich natürlich, weil Sie mir neig'laffa sind.

SCHUTZMANN: Ja ja das mach ich sowieso – aber zuerst Ihre Personalien – Sie heissen?

KARLSTADT: Maria.

SCHUTZMANN: Wie noch?

KARLSTADT: Huber.

SCHUTZMANN: Geboren?

KARLSTADT: Den 23.

SCHUTZMANN: Was 23.

KARLSTADT: No ja November.

SCHUTZMANN: Ah ja weiter weiter, was für ein Jahr? Diktieren Sie doch schneller, ich hab nicht so viel Zeit – ich muss heute noch mehr Radler aufschreiben, schneller, also los!

KARLSTADT: Was schneller, so schnell könna Sie nicht schreiben, wie ich reden kann.

SCHUTZMANN: Ah kümmern Sie sich nicht um mich – also schneller los los.

KARLSTADT: Ja also bitte dann schreiben Sie: Ich heisse Maria Huber, geboren den 23. November 1892 zu Ingolstadt an der Elbe als Tochter eines verheirateten Kehrrichttonnenabfuhr-chauffeurs, meine Mutter war eine geborene Karolina Dünn-dipfeldick aus Wallersdorf bei Rosenheim, Bezirksamt Ober-bayern.

SCHUTZMANN: Halt halt, da komm ich ja nicht mehr mit, etwas langsamer doch. *(Alles lacht.)*

KARLSTADT: Gell gell, ich habs ja g'wusst, ich habs Ihnen ja gleich g'sagt dass Sie nicht nachkommen, ich hab's Ihnen doch g'sagt, dass Sie nicht so schnell schreiben können, wie ich reden kann.

SCHUTZMANN: Na ja bei dem Mundwerk......

ALLE LACHEN: .....Jetzt kommt er nimmer nach.... jetzt kommt er nimmer nach...

Verkehrscene
Schutzmann u. Valentin

Ein Verkehrsschutzmann im schneeweißen Mantel und ebensolcher Mütze stoppt den Verkehr ab. Ein alter Radfahrer mit einem altmodischen Dreirad fährt aber trotz Absperrung auf den Schutzmann zu und fährt ihm von hinten mit dem Vorderrad zwischen die Beine hinein.

SCHUTZMANN: Na nu! Sehen Sie denn nicht, dass ich noch kein Freizeichen gegeben habe?

RADFAHRER: *(schaut blöd den Schutzmann an und blinzelt mit den Augen)*

SCHUTZMANN: Was blinzeln Sie mich an?

RADFAHRER: Weil mich Ihre Weißheit blendet! *(Damit meint aber der Radfahrer nicht die Weisheit des Schutzmannes, sondern den blendend weißen Mantel)*

SCHUTZMANN: Steigen Sie ab! *(Radfahrer steigt ab)* *(Radfahrer hat an seinem Rad [Lenkstange] eine alte Autohuppe angebracht, mit großem Gummiball, der aber keinen Ton mehr von sich gibt.)*
Sie haben ja an Ihrem Rad eine Huppe, ein Radfahrer muß eine *Glocke* haben! Huppen dürfen nur die Autos haben, weil die nicht huppen sollen!

(Radfahrer drückt auf die stumme Huppe): Die huppt ja nicht!

SCHUTZMANN: Wenn die Huppe nicht huppt, dann hat doch die Huppe gar keinen Sinn!

RADFAHRER: Wenn mir jemand übern Weg läuft, dann drück ich auf die Huppe *(Ball)* und schrei dazu »Obacht!«

SCHUTZMANN: Und dann haben Sie hier statt einer Radfahrer-Laterne eine große, 100-kerzige, elektrische Glühbirne, da können Sie ja einen ganzen Konzertsaal damit ausleuchten! Die hat ja mindestens 220 Volt! Wo nehmen Sie denn den Strom dazu her?

RADFAHRER: Ich brauch keinen Strom dazu, die *soll* gar nicht brennen, denn ich fahr nur am Tag!

SCHUTZMANN: *(betrachtet sich nun das Rad von hinten)* ... und dann sehe ich soeben, dass an Ihrem Rad der vorschriftsmäßige, weiße Strich fehlt!

RADFAHRER: *(dreht sich um, hebt das linke Bein und spricht:)* Den weißen Strich hab ich mir an die Hose hingemalen!

SCHUTZMANN: Und der Rückstrahler fehlt auch!

RADFAHRER: Rückstrahler hab ich schon! *(sucht in allen Taschen nach – findet denselben und zeigt ihn dem Schutzmann)*

SCHUTZMANN: Was heißt, in der Tasche! Der gehört hinten hin!

RADFAHRER: *(hält den Rückstrahler hinter sich, wo sich bei jedem normalen Menschen der A... befindet)*

SCHUTZMANN: Nicht da hinten! Am Rad hinten!! *(Der Schutzmann betrachtet sich das Rad immer genauer und da bemerkt er, dass an das Rad einige neue Ziegelsteine mit Stricken hingebunden sind)* –
Ja, und was ich da noch bemerk, ist ja das ein Transportrad – Sie haben ja da Ziegelsteine – wollen Sie denn bauen?

RADFAHRER: Bauen!! Nein! Warum soll *ich* auch noch bauen, wird ja so soviel gebaut!!

SCHUTZMANN: Warum führen Sie denn dann die schweren Steine mit herum?

RADFAHRER: Die gehören zur Beschwerde!

SCHUTZMANN: Was, beschweren wollen Sie sich auch noch?

RADFAHRER: Ja, die gehören zur eigenen Beschwerde!

SCHUTZMANN: Sie beschweren sich über sich selbst?

RADFAHRER: Ja! Ich selbst wiege nur 60 Kilo.
Gestern vormittag haben wir einen starken Wind gehabt, und da wollt ich nach Sendling fahren, und da hatte ich meine Steine *nicht* dabei – dann bin ich durch den Gegenwind nach Schwabing hinuntergekommen.
(Nebenbemerkung: das ist in München eine ganz entgegengesetzte Gegend.)

SCHUTZMANN: Wie heissen Sie denn?

RADFAHRER: Wrdlbrmpft!

SCHUTZMANN: Wie????

RADFAHRER: Wrdlbrmpft!

SCHUTZMANN: Wirdlstrumpf??

RADFAHRER: Wr – dl – brmpft!!

SCHUTZMANN: Wie schreibt man denn das?

RADFAHRER: Wie man's spricht! Wrdlbrmpft!

SCHUTZMANN: Reden Sie doch deutlich und brummen Sie nicht immer in Ihren Bart hinein!

RADFAHRER: *(der einen Umhäng-Vollbart mit Gummischnur hat, packt seinen Vollbart und zieht denselben herunter, sagt* »Wrdlbrmpft« *und lässt den Bart wieder hinaufschnellen)*

SCHUTZMANN: So ein saudummer Name! *(klappt sein Notizbuch zu und sagt zu dem Radfahrer):* Schau'ns' dass weiter kommen!

(Radfahrer steigt auf sein Rad und fährt weiter; kehrt aber gleich wieder um, fährt auf den Schutzmann zu und sagt): Sie, Herr Schutzmann! Einen recht schönen Gruß soll ich ausrichten, von meiner Schwester!

SCHUTZMANN: Danke! Ich kenn Ihre Schwester gar nicht!

RADFAHRER: Freilich kenn Sie die! – Nein, ich hab mich falsch ausgedrückt! Ich meine, ob ich meiner Schwester einen schönen Gruß ausrichten soll?

SCHUTZMANN: Lassen Sie mir doch meine Ruhe – ich kenn Ihre Schwester nicht! *(Schutzmann besinnt sich)* Wie heißt denn Ihre Schwester??

RADFAHRER: Die heißt auch Wrdlbrmpft! *(fährt ab)*

SCHUTZMANN: Jetzt schau'ns aber gleich, dass weiterkommen!!

(Radfahrer fährt ab.)

Ende.

Architektur: Brücken, Häuser

O Tannenbaum.... nur einmal blüht
im Jahr der Mai.....

[...] Die Baukunst in der heutgen Zeit, ist weit schon vorge-
schritten
was heute da geschafffen wird, hätt früher man bestritten
Aus Eisen, Stahl und aus Beton, baut man die grössten Sachen
Und wenns halt nicht lang halten tun, da kann man halt nichts
machen
Nur einmal blüht im Jahr der Mai......
Ja, das ist intressant, wenn man heutzutag die neue Baukunst
betrachtet. Wenn man heute etwas grossartiges baut, z. B. Kir-
chen, Paläste, Brücken, was man da heutzutage alles braucht
dazu: 1. Eine Oberbaukommission 2. Die Baukommission,
dann Architekten, Diplomingenieure, und Bauzeichner, Baumeister, Planzeichner und Werkführer, Poliere u. s. w. Wie z. B.
unsere Isarbrücke, unsere neue... die sie vor 20 (36) Jahren gebaut ham. Aus Eisenstahlbetonkonstruktion. »Eisenstahlbeton« das sagt schon das Wort, da gibts kein Brechen, so eine
Brücke ist ein ewiges Werk. Aber wie die fünf Brücken aus Eisenstahlbeton fertig waren, ist ein Hochwasser gekommen und hat
die fünf Eisenstahlbetonbrücken weggschwemmt. Die drei alten
hölzernen Isarbrücken sind stehen geblieben, weil die nicht aus
Eisenstahlbeton waren. Genau so wars mit der Parzivalhalle auf
der Theresienhöhe. Kaum wars fertig, ist sie schon zusammen-
gefallen auch, die Motorhalle in Schleissheim ist auch zusammen gefallen, vom neuen Verkehrsministerium der Giebelbau ist
ihnen gleich zweimal nacheinander zusammengfalln, d'Frauen-
kirch ist .. nein... die ist noch nicht zammgfalln... warum?
weils heut noch dasteht. Die habens vor 500 Jahren baut, ohne
Ingenieur und Architekten, ohne Maschinen und ohne Baukommission. Nur zwei Baumeister hams ghabt. Und heut stehts noch
da, warum? Weils eben noch nicht eingfalln ist = Da sieht man,
dass de Leut früher viel mehr können haben und waren nicht so
eingebildet, ich mein, die frühern Leut ham viel mehr können,
und viel weniger Sprüch gmacht, nein, ich mein die früherm ham
viel weniger Sprüch gmacht, nein ich mein, die ham viel mehr

können, ich mein so, dass die jetzigen mehr Sprüch machen, nein, ich mein… denn nur einmal blüht…. im Jahr der Mai, nur einmal im Leben die Liebe………

Die Blätter fallen

Schon fallen die welken Blätter zur Erde nieder und die lauen Oktoberstürme wehen um die Blitzableiter und Antennendrähte der Stadt München. – Der Sommer hat Abschied genommen von Weib und Kind. – Alles erwartet mit traurigen Händen den kommenden Winter, der uns wahrscheinlich heuer mit Schnee überraschen wird. Aber nicht lange wird es dauern, so hält bald der Sommer Frühling und Herbst seinen Einzug und wieder ist er da der Winter, dem sodann wieder der Frühling Sommer und Herbst folgt, bis es wieder Winter ist und gleich anschliessend daran beginnt der Wintersport, der genau wie der Frühlings= Sommer= und Herbstsport sich zum Lieblingssport entwickelt hat ist der beliebteste. – Einen eigenen Reiz hat unser bayerischer Herbst im Isartal. Zwischen alten welken Bäumen steht die junge Grünwalderbrücke, noch hat sie diesen Herbst erlebt. Niemand hat dies geglaubt von diesem Glump. Den ganzen Sommer über war dieselbe für den Fuhrwerksverkehr gesperrt, nur leichte Fussgänger und ebensolche Radfahrer durften schnell aber nur einem nach dem andern über die Brücke passieren. Im Blütenalter von 22 Jahren steht sie da schwach und gebrechlich, gegen unsere hohe majestätische Grosshesseloherbrücke im Greisenalter von [?] Jahren. Tausende schwere Eisenbahnzüge fahren jährlich über diese Brücke, die von einem einfachen simplen Maurermeister erbaut wurde. Ja, ja, ehrt unsere alten Meister, dann bannt ihr gute Geister. [A]ber ein guter Trost ist uns geblieben. Unsere modernen Brücken halten wenigstens einige Jahre, im Harz fiel eine neuerbaute Brücke schon vor der Einweihung ein. Ich erinnere mich noch an das Jahr 1900 als in München durch ein Hochwasser 3 neuerbaute Brücken weggeschwemmt wurden und als die 3 Brücken zum zweitenmal erbaut und eröffnet wurden, sang damals unser Volkskomiker Papa Geis:

> In München wo man jetzt hinschaut
> dradl dedl didl dum
> Viel Brücken werden jetzt gebaut

dradl dedl didl dodl dum
doch mir, mir is mei Leb'n viel lieber
dradl dedl didl dodl dum
Mich krieg'ns net dran, i geh net drüber
dradl dedl didl dodl dum [.]

Karl Valentin baut

Es liebt die Welt, das Strahlende zu schwärzen und das Erhabene in den Staub zu ziehn. Und recht hat er gehabt, der Schiller. Was ist man ohne Haus? Nichts! Nicht einmal ein Hausherr; darum gehe hin und lasse dir eins bauen! Aber wohin? – auf den Boden, versteht sich von selbst – auf deutschen Boden, versteht sich noch viel selbster. Nach dem schönen Walzer von Fetras »Schlösser, die im Monde liegen« – möchte ich handeln. Mein Haus soll im Monde liegen, aber nur bei Nacht, am Tag nur in der Sonne, schon wegen der Bäder. Selbstverständlich würde ich mir statt einem Haus ein Schloß bauen – aber ein Schloß ist größer als ein Haus, braucht man auch mehr Baumaterial. Ich erkundigte mich beim Bauamt, und der Oberbaurat meinte: »Sie können Baumaterial haben, soviel Sie wollen, schon genehmigt, aber nur zu einem Luftschloß.« Aber Luftschlösser sind heute sehr gefährlich, wegen der vielen Flieger. Also Luftschloß kommt nicht in Frage, trotz Materialangebot. Also ein Haus – aber wo? – irgendwo halte ich es am passendsten. Nun ja, der Platz wird sich finden, vielleicht leichter als das Baumaterial. Ist Zement= und Ziegelnot, dann ein Holzhaus – ist Holznot, dann ein Lehmhaus, ist Lehmnot, dann nur kein Lebkuchenhaus wie die Besitzerin des Knusperhäuschens aus der Operette »Hänselein und Gretelein«. Nun ja, es ist ja auch ganz egal, aus was ein Haus gebaut ist, sondern aus wie es gebaut wird. *Modern!* Ich träume von einem zweistöckigen Wolkenkratzerchen, innen hohl, außen hoch, um den Wolkenkratzer herum einen Garten, in den Garten nur Kaktusse, Disteln und Brennesseln zur Ersparung eines Hofhundes. Und in unserem Garten soll es sonnig werden. Außer unseren Wehrpflanzen, wie Schwertlilien, Stechapfelkraut, Brennesseln, Dornen und Disteln zum Schutze gegen Einbrecher soll auch das Leben sprießen, und in den Garten stecken wir eine lange Stange, und auf der Stange befestigen wir ein Starenhäuschen. In das Häuschen bohren wir ein Loch, durch das Loch stecken wir Stroh ins Häuschen, eine kleine Sitzgelegenheit vor das Loch. Das ganze Anwesen wird nun so gedreht, daß das Loch gen Osten ist, oben ist ein kleiner Zettel: »Will-

kommen Braut und Bräutigam – fanget an!« Und ist das Staren-
pärchen fleißig, und bekommt das Starenmütterchen acht Junge,
bekommt es von uns eine Belohnung in Form einer kleinen
Kreuzspinne. Mein Ideal wäre ein Haus mit vier Sonnenseiten.
Die Idee ist nicht neu, aber zu teuer. Ein Dresdener Architekt hat
1925 ein drehbares Glaskugelhaus erfunden, fünfstöckig, 1 Million teuer. Ich denke mir das meine viel, viel kleiner, so wie ein
Jahrmarktskarussell, ringsum gebogenes Glas und statt der
Holzpferde und -schwäne Zimmer, Küche, Bad und Kammer, in
der Mitte statt der Drehorgel Zentralheizung. Das Haus müßte
vor allen Gefahren geschützt werden. Vom Hochwasser, deshalb die Keller als Schiff gebaut (siehe Arche Noah), bei Erdbeben, Speicherräume sind aus Ballonstoff. Durch einen Druck
werden 50 Flaschen Wasserstoff (Helium) in die Speicherräume
geblasen, der Speicher füllt sich und hebt das Haus in die Luft, so
lange, bis das Erdbeben vorüber ist. Gegen Feuer ist es durch
Versicherung und Minimax geschützt. Man kann sein Haus gegen alles schützen – nur nicht gegen den *gefräßigen Eisensaurus.*

Warum kompliziert,
wenn es einfach auch zu machen wäre
Oder

Wieviele Menschen müssen sich noch von der bekannten Selbst-
mörderbrücke in Grosshesselohe herunterstürzen, bevor man
ein Stacheldrahtgeländer derart anbringt, dass das nicht mehr
möglich ist. Mit 5000.-- Mark wäre evtl. diesem Uebelstand ab-
zuhelfen. Wenn auch ein Lebensüberdrüssiger sicher eine andere
Möglichkeit sich zu töten findet, so hat doch der Staat die Gelegenheit dazu beseitigt.

Uhren

Die Uhr von Löwe

Gestatten Sie, daß ich Ihnen ein schönes Lied vortrage, und zwar die Ballade »die Uhr« von Löwe. Setze voraus, daß ich mich bei diesem Vortrage selbst begleite, weil ich mich, Gott sei Dank, selbst begleiten kann. Erst kurz habe ich mich selbst nach Hause begleitet, das hat zwar sehr dumm ausgesehen, wie ich so allein neben mir hergegangen bin, aber die Hauptsache ist, daß ich mich selbst begleiten kann. Da bin ich heute meinem Vater noch dankbar, daß er mich so streng musikalisch erzogen hat. Sie, der hat mich streng musikalisch erzogen! Als Kind habe ich nur mit der Stimmgabel essen dürfen, geschlagen hat mich mein Vater nach Noten. Die Uhr von Löwe. Sehen Sie, wie mir mein Vater das Gitarrespielen hat lernen lassen, hat er mir bei einem Tänd-ler eine ganz alte Gitarre gekauft, auf der Gitarre war keine ein-zige Saite mehr drauf, also nicht einmal eine – aber mein Vater hat gesagt, zum Lernen ist die gut genug. Die Uhr von Löwe. Schicke voraus, daß dieser Löwe kein Uhrmacher war, sondern Komponist. Die Uhr von Löwe. Sehen Sie, weil wir gerade von einer Uhr reden, mein Uhrgroßvater lebt nämlich noch, und dem wurde vor kurzer Zeit seine Uhr gestohlen. Seit dieser Zeit ist er jetzt jünger, denn jetzt ist er nur noch »Großvater«. Die Uhr von Löwe. Ich hab auch einmal einen Verdruß gehabt mit einem Uhrmacher. Da hab ich mir bei einem Uhrmacher so eine mo-derne Taschenuhr gekauft. Mit dieser Uhr bin ich acht Tage her-umgelaufen und hab nie gewußt, wieviel Uhr es ist, weil keine Zeiger und kein Zifferblatt auf der Uhr waren und das ist doch eigentlich die Hauptsache von einer Uhr. Und weil ich mich nicht ausgekannt habe mit dieser Uhr, habe ich die Uhr an die Wand hingeworfen, weil ich geglaubt habe, daß vielleicht eine Wanduhr daraus werden könnte, aber sie ist in tausend Scher-ben zerbrochen und unter diesen Scherben habe ich herausge-funden, daß ein Zifferblatt und ein Zeiger doch dabei waren, aber die müssen innen gewesen sein. Dann bin ich aber zu dem Uhrmacher gegangen und hab es ihm gesagt. Ja, sagt er, das glaub ich schon, da hätten sie bloß den Sprungdeckel aufmachen sollen. Die Uhr von Löwe. Auf diesen Uhrmacher habe ich heute noch einen Zorn, weil er mir das nicht gesagt hat von dem Sprungdeckel. Dann hab ich mir aus Rache eine wirkliche Wanduhr gekauft, so eine alte, mit langen Ketten zum Aufziehen. Das war so eine Arbeit, wie ich mit der Uhr das erstemal spazieren ging, da sind mir immer die Gewichte zwischen die Füße gekommen und der Nagel hat mir weh getan.

Die Uhr von Löwe. Ich trage wo ich gehe stets eine Uhr bei mir, wie viel es ge – – –

Sehen Sie, wenn man es eigentlich richtig nimmt, paßt dieses Lied gar nicht für Gitarre weil es heißt: ich trage wo ich gehe usw.; ich gehe aber jetzt nicht, ich stehe (oder sitze) jetzt, weil ich unterm Gitarrespielen nicht gehen kann, und dann hab ich keine Uhr, die hab ich versetzt.

Sehr geehrtes Auditorium, nachdem ich unterm Gitarrespielen nicht gehen kann und außerdem meine Uhr versetzt habe, ist es mir leider nicht möglich, Ihnen die Uhr von Löwe zum Vortrag zu bringen.

Kragenknopf und Uhrenzeiger

Ich habe mich ja schon furchtbar geärgert! Heute nicht, nein, jahrelang schon. Nicht, daß Sie glauben, wegen Familienangelegenheiten, nein – nur über meinen Kragenknopf! Sehen Sie, man muß ihn ja haben, den Kragenknopf, man ist ja direkt darauf angewiesen, auf den Kragenknopf! Wenn man bedenkt, was an einem Kragenknopf alles dranhängt: der Kragen, die Hemdbrust, die Krawatte usw.

Bitte, stellen Sie sich mal einen feinen Mann ohne Kragenknopf vor, wie der daherkommt! Was nützt da ein feiner Zylinder, wenn man keinen Kragenknopf hat? Rutscht ja alles herunter!

Den einzigen Menschen, den ich mir ohne Kragenknopf vorstellen kann, das ist ein Matrose, aber es kann doch nicht jeder ein Matrose sein, da müßte ja jeder Mensch ein Schiff haben, und außerdem hat nicht jeder Matrose ein Schiff! Dasselbe ist's mit dem Kaffee.

Stellen Sie sich mal einen Kaffee ohne Tasse vor! Man kann ihn doch nicht aus der Kaffeemühle trinken! Oder – einen Tisch ohne Füße – da braucht man ja überhaupt keinen Tisch, da kann man sich ja gleich auf den Boden setzen. Dasselbe ist's mit einer Uhr ohne Zeiger.

Schauen Sie, ich lauf' zum Beispiel schon jahrelang herum mit meiner Uhr ohne Zeiger; die hat doch gar keinen Wert! Eine *Uhr* ist sie natürlich auch so, – Sie werden doch nicht behaupten, daß es ein *Papagei* ist? Ich könnte sie ja zum Uhrmacher geben, aber in dem Moment, wo ich sie dem Uhrmacher gebe, hab ich gar keine, also ist's doch gescheiter, wenn ich wenigstens *die* hab', wenn sie auch nicht geht; das weiß ich ja sowieso – sie *kann* ja auch nicht gehen, ohne Zeiger. Das heißt, gehen kann sie schon – innen – aber sie zeigt es nicht an, drum hat auch die ganze Uhr keinen Wert. Ich trage ja die Uhr nur wegen der Kette, was will man denn sonst mit einer Uhrkette anfangen, das sagt ja schon das Wort: Uhrkette! Das ist doch selbstverständlich, daß da eine Uhr daran sein muß, ich kann doch keinen Hund hinhängen! Dann wär's ja eine Hundekette. Und wer wird einen Hund in die Westentasche hineinschieben? Niemand.

Ich halte ja eine Uhr für überflüssig. Seh'n Sie, ich wohne ganz nah beim Rathaus. Und jeden Morgen, wenn ich ins Geschäft gehe, da schau ich auf die Rathausuhr hinauf, wieviel Uhr es ist, und da merke ich's mir gleich für den ganzen Tag und nütze meine Uhr nicht so ab!

Die heutigen Uhren gehen ja noch eher, aber früher war's fad mit den Sonnenuhren: Keine Sonne – keine Uhr! Da ist mir ja die meinige ohne Zeiger lieber, da ist man doch wenigstens nicht auf die Sonne angewiesen, bloß auf die Zeiger, und Zeiger kann man schließlich machen lassen, wenn man sie braucht.

Das wäre ja traurig, wenn man nicht ohne Uhr leben könnte! Der Uhrmacher, ja der kann nicht ohne Uhr leben, bei dem ist's Geschäftssache. Glauben Sie, daß ein Uhrmacher, wenn er wissen will, wie spät es ist, auf alle die tausend Uhren hinschaut, die er in seinem Laden hängen hat? Er denkt nicht dran, er schaut nur auf eine, die andern verkauft er an die Leute, die eine Uhr brauchen; einer, der keine Uhr braucht, der kauft sich ja sowieso keine.

Aber, wie gesagt, es hat keinen Zweck, daß ich die Uhr reparieren lasse: schließlich stiehlt sie mir noch einer, dann hat der eine gehende Uhr und ich bin jahrelang mit der kaputten rumgelaufen! Drum lass' ich sie lieber so, wenn sie dann wirklich einer stiehlt, dann kann sich der damit ärgern!…

Rundfunk

Im Senderaum

(Beim Aufgehen des Vorhangs ist die Bühne leer, volle Beleuchtung, rote Lampe am Mikrophonständer brennt)

Ansager(in) tritt auf, geht ans Mikrophon, spricht:

KARLSTADT: Meine sehr verehrten Hörer und Hörerinnen! Nach dem wissenschaftlichen Vortrag über die Vermehrung der Maikäfer lassen wir nun eine kleine Pause eintreten. Auf Wiederhören in 3 Minuten. *(Schaltet die Lampe aus).*
So, nun kommt unser Hofschauspieler dran. Ich möchte nur wissen, wo der Inspizient so lange bleibt, er soll doch schon längst da sein!
(Ruft in die Kulisse) Fräulein Anna! Bitte rufen Sie doch den Abhörraum an, der Inspizient soll sofort in den Senderaum kommen!
(Zum Publikum) Ich kann doch nicht allein die ganzen Geräusche machen!
(Sieht nach den Requisiten). Ist nun alles in Ordnung? Ja, es dürfte alles für den nächsten Vortrag vorbereitet sein.
(Zur Kulisse, wie vorhin) Was ist los, der Inspizient ist nicht unten, ich werde selbst nachsehen! *(Ab)*
VALENTIN: *(Tritt auf, geht zur Mitte, bleibt am Tisch stehen)*
KARLSTADT: *(kommt von links, sieht Valentin)*
VALENTIN: Guten Tag!
KARLSTADT: Guten Tag, Sie wünschen?
VALENTIN: Ich möchte 25 m länglichen Antennendraht. Ein bekannter Freund von mir will sich einen Radio bauen und da soll ich ihm 25 m Antennendraht besorgen.
KARLSTADT: Aber sagen Sie einmal, wie kommen Sie denn da herein?
VALENTIN: Bei der Tür da draussen.
KARLSTADT: Ja, das glaub' ich Ihnen schon! Aber wir haben hier nichts zu verkaufen, bei uns gibt es keine 25 m Antennendraht.
VALENTIN: 20 m auch nicht?

KARLSTADT: Nein, wir haben nichts zu verkaufen; hier wird nur gesendet.

VALENTIN: Ja, dann senden Sie ihm den Draht!

KARLSTADT: Nein, sage ich, der Draht gehört für andere Zwecke!

VALENTIN: So! – Brauchen Sie da einen Draht dazu? – Aber ich hab' ja das Geld dabei. *(Nimmt den Draht)*

KARLSTADT: *(Zornig den Draht wegnehmend)* Lassen Sie den Draht endlich mal liegen. Ich hab' Ihnen schon mal gesagt, wir haben nichts zu verkaufen und nun schaun's dass Sie weiter kommen!

VALENTIN: Also, dann verkaufen's den Draht da nicht; aber den könnten wir brauchen, mein Freund wartet am Hausdach auf mich.

KARLSTADT: Nein! Wir haben nichts zu verkaufen, das hier ist der Senderaum vom Rundfunkhaus.

VALENTIN: Haben Sie vielleicht dann Schräuferln, so junge Schrauben?

KARLSTADT: Geh'n Sie doch in ein Spezialgeschäft für Radio-Artikel, »Radio-Industrie«.

VALENTIN: Da wird mein Freund eine Freud' haben, wenn ich ihm gar nix bring!

KARLSTADT: Gehen Sie doch in ein Radiogeschäft! – Verlassen Sie nun den Raum!

VALENTIN: Könnten Sie mir vielleicht ein Radiogeschäft besorgen?

KARLSTADT: Es gibt doch hier genug Radiogeschäfte; gleich hier vorne an der Ecke ist eins; da bekommen Sie alles, was Sie brauchen.

VALENTIN: Warum?

KARLSTADT: Weil es eben ein Spezialgeschäft ist für Radio-Artikel. Sie können meinetwegen auch wo anders hingehen.

VALENTIN: Ja, wär' mir schon lieber!

KARLSTADT: Aber nun schaun's endlich, dass Sie hinauskommen; wir müssen jetzt weiterarbeiten. Sie können gleich dort drüben hinausgehen!

VALENTIN: Ja, ist schon recht. – Also, den verkaufen's auf keinen Fall?

KARLSTADT: Nein, auf gar keinen Fall!

VALENTIN: Sous les Tois de Paris, sha de fleur, mousje d'Allema, deau coura cherami, cherami lavase – – –

KARLSTADT: Wie meinen Sie?

VALENTIN: La-va-se-

KARLSTADT: Was heisst das? Sprechen Sie französisch?

VALENTIN: Lavase – lavase – leihweise –

KARLSTADT: Nein, nein! Jetzt schaun's aber, dass Sie rauskommen! Aber sofort! Gleich da drüben! – *(Ab)*.

VALENTIN: *(Bleibt stehen, geht nochmal an den Tisch, sieht den Draht an)*
Jetzt schaun's nur grad das Milzl an, die hat einen Draht und gibt ihn nicht her. Das wär' der richtige, den mein Freund bräucht'. Dann b'haltst eben dein Glump! *(Besieht sich die Apparate am Tisch)*. Ja, was ist denn das alles für ein Zeug! Was s' heuzutag net alles erfinden! Fürn Katarrh hab'ns heut noch nix erfunden, ah, das ist ein Senderaummontor oder wie man da sagt; ja was ist denn das alles! *(Greift an einen Schalter, plötzlich geht das Clacon mit grellem Laut los; er erschrickt und will davonrennen, läuft aber der rasch eintretenden Karlstadt in die Hände.)*

KARLSTADT: Ja was war denn hier los?

VALENTIN: *(Deutet auf das Clacon)* Das da!

KARLSTADT: Aber das kann doch nicht von selbst losgeh'n!

VALENTIN: Doch!

KARLSTADT: Aber das gibt es doch nicht, das kann doch nicht von selbst losgehen!

VALENTIN: Freilich is von selbst losgangen, ich war ja dagstanden und auf einmal hat's da so »ah« gemacht.

KARLSTADT: Da haben Sie halt irgendwo hingegriffen.

VALENTIN: Nein, ich hab' nirgends hingegriffen; ich müsst's ja g'sehn hab'n, wenn ich hinglangt hätt.

KARLSTADT: Sie haben also nirgends hingegriffen?

VALENTIN: Nein!

KARLSTADT: So? Und ich bin so dumm und glaub das?!

VALENTIN: Jawohl – nein – –

KARLSTADT: Natürlich haben Sie hingegriffen, ich seh' es ja!

VALENTIN: Das schon gleich gar nicht!

KARLSTADT: Also, Sie haben hier nichts berührt?

VALENTIN: Nein!

KARLSTADT: Ja Sie lügen mir ja direkt ins Gesicht!

VALENTIN: Ja!!!

KARLSTADT: Was glauben Sie denn eigentlich, wenn das Mikrophon gelaufen wäre, in der ganzen Welt hätte man das gehört, dass Sie hier pfeifen.

VALENTIN: So weit?

KARLSTADT: Natürlich! Hier steht doch unser Mikrophon. *(Deutet darauf hin)*

VALENTIN: *(Sieht auf den neben dem Mikrophon stehenden Kleiderständer)*. So eins haben wir auch daheim, wir heissen's immer einen Kleiderständer.

KARLSTADT: Ach, ich meine doch diesen Apparat hier! Aber das verstehen Sie ja doch nicht! Sie können übrigens von einem grossen Glück sagen, dass Ihnen nichts passiert ist; was denken Sie denn, die ganzen Apparate die hier stehen, haben einen Spannung von 500000 Volt.

VALENTIN: So teuer?

KARLSTADT: Wo nur der Inspizient so lange bleibt! Ich bin schon ganz nervös! *(In die Seitenkulisse)* Fräulein Anna, was ist denn eigentlich los mit dem Inspizienten? *(Horchend)* Wie? Der kann heute nicht kommen? Das ist ja gut! Ja, was soll ich denn da eigentlich machen! *(Bemerkt plötzlich den abgehenden Valentin)* Halt! Entschuldigen Sie, eine Frage, was haben Sie momentan Wichtiges zu tun?

VALENTIN: Nichts, einen Draht möcht' ich mir besorgen.

KARLSTADT: So? Möchten Sie sich bei mir schnell 5 Mark verdienen?

VALENTIN: Ja gern!

KARLSTADT: Also passen Sie auf, es handelt sich um Folgendes. Der Inspizient, der jetzt momentan so dringend benötigt wird, ist nicht gekommen und da hätte ich Sie nun gebeten, ob Sie für denselben einspringen möchten und hier am Tisch eine Kleinigkeit machen könnten. – – Ist Ihnen das möglich?

VALENTIN: Nein, das kann ich nicht!

KARLSTADT: Also, passen Sie nur auf, ich will Ihnen das mal

erklären. Legen Sie erst mal den Hut hier weg! *(Nimmt ihren Akt zur Hand).*

VALENTIN: *(Weiss nicht, was er mit dem Hut machen soll, legt ihn auf das Clacon, dann nimmt er ihn unter den Arm, es passt ihm nirgends, klemmt ihn dann unters Kinn).*

KARLSTADT: *(Reisst ihm den Hut weg und wirft ihn auf den Boden).* Legen Sie ihn doch endlich weg! Also, nun passen Sie auf.........

VALENTIN: *(Blickt auf den Hut)*

KARLSTADT: *(fortfahrend):* Der Schauspieler.......

VALENTIN: *(Blickt wieder auf den Hut)*

KARLSTADT: Aber Sie passen ja gar nicht auf, was ist denn los?

VALENTIN: Hut!!!!

KARLSTADT: Der kommt doch nicht weg.

VALENTIN: Ja, aber wenn Jemand drauf tritt?

KARLSTADT: Wer soll denn drauftreten?

VALENTIN: Ich!

KARLSTADT: Aber Sie wissen doch, dass er hier liegt.

VALENTIN: Wenn ich aber drauf vergess'?

KARLSTADT: Ach, dann holen Sie sich den Hut! Das ist ja furchtbar mit Ihnen!

VALENTIN: *(Holt sich den Hut)*

KARLSTADT: Also, nun legen Sie den Hut weg!

VALENTIN: *(Weiss nicht, was er mit dem Hut anfangen soll, will ihn am Glockenhalter hinlegen, rutscht immer wieder ab, nimmt ihn in die Hand mit verschiedenen Stellungen, stützt sich zum Schluss auf den in der Hand gehaltenen Hut).*

KARLSTADT: *(Kann nicht mehr zusehen, reisst ihm den Hut weg und schlägt ihn wuchtig auf den Tisch).* Legen S' den Hut doch endlich weg!

VALENTIN: *(Nimmt den Hut vom Tisch und zeigt die aufgebrochene Decke desselben)*

KARLSTADT: Tut mir sehr leid, aber Sie sind selbst schuld daran.

VALENTIN: Einen Strohut kann man nicht löten lassen!

KARLSTADT: Beruhigen Sie sich, Sie sollen dafür einen neuen bekommen! Aber nun passen Sie endlich auf! Also, der

Schauspieler kommt herein, stellt sich vor das Mikrophon..........

VALENTIN: *(Blickt plötzlich wieder nach rechts auf den Boden)*

KARLSTADT: Aber was ist denn schon wieder los?

VALENTIN: Hut!!!!

KARLSTADT: Aber der liegt doch nicht mehr hier, der liegt doch nun da! *(Deutet auf den am Tisch liegenden Hut)*; Da müssen Sie nun doch dorthin sehen! – – Also hören Sie! Der Schauspieler stellt sich nun vor das Mikrophon hin und spricht folgenden Monolog..........

VALENTIN: *(Blickt wieder auf seinen Hut)*

KARLSTADT: Aber das geht nun wirklich nicht mehr so weiter, Sie passen ja nicht auf! Hören Sie nun endlich zu, wir haben höchste Zeit! – Also, der Schauspieler spricht diesen hier aufgeschriebenen Monolog ins Mikrophon, und alles das, was hier rot angestrichen ist, müssen Sie ausführen.

VALENTIN: Wann?

KARLSTADT: Das sag ich Ihnen schon. Wenn z. B. der Schauspieler spricht; »es donnert« da haben wir diesen Apparat hier *(deutet auf Donnerblech)*; damit müssen Sie den Donner machen oder wenn er sagt: »der Sturmwind heult« – – –

VALENTIN: Dann muss ich heulen?

KARLSTADT: Nein, da haben wir zwei Sturmmaschinen, hier die grosse *(deutet auf die Handwindmaschine)* für den grossen Wind.......

VALENTIN: *(Dreht dieselbe einigemale herum)*

KARLSTADT: ......und hier die kleine für den kleinen Wind.......

VALENTIN: Die hab' ich schon gehört.

KARLSTADT: Sie brauchen sich nur nach dieser Liste zu richten und das auszuführen, was rot angestrichen ist.

VALENTIN: *(Deutet auf die übrigen Sachen)* Und was ist das alles? *(Läutet mit der Glocke)*. Das gehört für die Brotzeit!

KARLSTADT: Nein! Lassen Sie diese Sachen in Ruhe; ich erkläre Ihnen alles, ich bin ja selbst hier im Raum bei Ihnen.

VALENTIN: Ah, das ist so, wenn der Schauspieler spricht: »Wohltätig ist des Feuers Macht«, dann muss ich ein Feuer anmachen?

KARLSTADT: Aber nein, halten Sie sich doch an das, was hier rot angestrichen ist; weiter brauchen Sie nichts auszuführen! Es ist doch ganz einfach, es ist genau wie beim Theater.

VALENTIN: Ach so ist das! Da war ich einmal bei einem Gesellenverein, da haben wir ein Theaterstück aufgeführt, da ist ein Wasserfall vorgekommen, den haben wir mit Schmirgelpapier gemacht; wie hat denn das Stück geheissen? Ja, »Schneewittchen und die 6 Geisslein« *(Zwerge)*

KARLSTADT: Ja ja, so wird im Theater ein Wasserfall gemacht, das stimmt! Aber das ist ja was anderes, das ist ja ein Märchen und ausserdem heisst es nicht »Schneewittchen und die 6 Geisslein (Zwerge), sondern »Schneewittchen und die sieben Geisslein« (Zwerge).

VALENTIN: Nein, Schneewittchen und die 6 Geisslein (Zwerge).

KARLSTADT: Nein, es ist ja ganz unwichtig, aber es heisst »Schneewittchen und die sieben Geisslein« (Zwerge).

VALENTIN: Ja, früher hat's so g'heissen, aber jetzt soll ja eins g'storben sein!

KARLSTADT: Also nun haben wir aber höchste Zeit! Wir müssen nun anfangen! Jetzt noch etwas: das Wichtigste hatte ich beinahe vergessen; wenn die rote Lampe brennt.........

VALENTIN: Ja, das weiss ich schon, da wohnt irgendwo eine Hebamme!

KARLSTADT: Nein! Dann läuft das Mikrophon!

VALENTIN: Wohin?

KARLSTADT: Dann ist das Mikrophon eingeschaltet, dann hört man alles, was in dem Raum da vor sich geht; da dürfen S' nicht husten, nicht schnaufen, überhaupt keinen Laut von sich geben, also grösste Ruhe bewahren, wie hier das Plakat ansagt. *(Zeigt es ihm)*. So, und nun hol' ich den Hofschauspieler, der wartet schon lange draussen, wir haben höchste Zeit! *(Ab)*.

VALENTIN: *(Allein)* Da wird's mich schön derbröseln!

KARLSTADT: *(Mit Hofschauspieler auftretend)* Darf ich bitten, Herr Hofschauspieler!

SCHAUSPIELER: Aber sagen Sie, wie lange soll ich denn noch warten, ich habe höchste Eile, ich muss ja noch ins Theater.

KARLSTADT: Sofort, Herr Hofschauspieler! Legen Sie bitte

einstweilen ab. Das hier ist der Hofschauspieler; also nun auf-
passen, wir fangen nun an! *(Geht ans Mikrophon, schaltet die
rote Lampe ein, deutet Valentin an, still zu sein, zeigt ihm die
brennende rote Lampe).*

VALENTIN: Ah, jetzt brennt's schon! *(Geht auf das Mikrophon
zu, stösst die Eimer um und macht einen Riesenradau).*

KARLSTADT: *(Reisst ihn zurück, deutet auf das Plakat und gebietet ihm Ruhe. Geht ans Mikrophon).*

VALENTIN: *(Unterhält sich mimisch und mit den Händen mit
dem Schauspieler über die Gage, die er hat, und die der Schauspieler hat).*

KARLSTADT: *(Gebietet nochmal stumm Ruhe).* Achtung!
Achtung! Bayrischer Rundfunk! Sehr verehrte Hörer und
Hörerinnen! Wir beginnen nun mit einigen Monologen von
unseren grossen deutschen Klassikern, gesprochen von
Herrn Hofschauspieler Julius Hempftnquempftn. *(Geht zu-
rück).*

SCHAUSPIELER: *(Tritt ans Mikrophon und verbeugt sich).*
Meine lieben Hörer und Hörerinnen! Ich bringe Ihnen heute
einige Fragmente von unseren deutschen Klassikern und be-
ginne gleich mit der Rede des Altgesellen aus dem Lied von
der Glocke.

VALENTIN: *(Läutet heftig mit der Glocke)*

KARLSTADT: *(Wehrt erschrocken ab)*

SCHAUSPIELER: Wohltätig ist des Feuers Macht,
Wenn sie der Mensch bezähmt, bewacht,
Und was er bildet, was er schafft,
Das dankt er dieser Himmelskraft.
Doch furchtbar wird die Himmelsmacht,
Wenn sie der Fessel sich entrafft,
Einhertritt auf der eignen Spur,
Die freie Tochter der Natur.
Wehe, wenn sie *losgelassen*

VALENTIN: *(Gibt Hupensignale)*

SCHAUSPIELER: Wachsend ohne Widerstand
Durch die *volksbelebten Gassen*

VALENTIN: *(Volksgemurmel: Rhabarber, Rhabarber, Rhabarber etc.)*

SCHAUSPIELER: Wälzt den ungeheuren Brand,
   Denn die Elemente hassen
   Das Gebild von Menschenhand.
   Aus der Wolke quillt der Segen,
   Strömt der *Regen*
VALENTIN: *(Schüttet mit Masskrug Wasser in Eimer)*
SCHAUSPIELER: Aus der Wolke ohne Wahl
   Zuckt der *Strahl*
VALENTIN: *(Macht mit Trommelschlegel am Donnerblech
   den Donner, Karlstadt winkt ab, Valentin schlägt weiter zu,
   bis ihm Karlstadt Schlegel nimmt und Valentin dann ge-
   waltsam wegzieht, wobei Valentin mit Kopf an die Glocke
   stösst).*
SCHAUSPIELER: Hört ihr's wimmern hoch vom Turm?
VALENTIN: *(Vogelpfeife)*
SCHAUSPIELER: Das ist Sturm!
VALENTIN: *(Windmaschine)*
SCHAUSPIELER: Rot wie Blut ist der Himmel,
   Das ist nicht des Tages Glut.
   Welch' Getümmel, Strassen auf,
   Dampf wallt auf,
   Flackernd steigt die Feuersäule
   Durch der Strassen lange Zeile
   Wächst es fort mit *Windeseile.*
VALENTIN: *(Windmaschine kurz drehen)*
SCHAUSPIELER: Kochend, wie aus Ofens Rachen
   Glüh'n die Lüfte, Balken *krachen*
VALENTIN: *(Bricht Holzstäbchen ab)*
SCHAUSPIELER: Pfosten *stürzen*
VALENTIN: *(wirft Balken zu Boden)*
SCHAUSPIELER: Fenster *klirren*
VALENTIN: *(Wirft Teller mit Schebberplättchen zu Boden)*
SCHAUSPIELER: Kinder *jammern*
VALENTIN: *(Schreit: Mamaaa, Mamaaa....)*
SCHAUSPIELER: Mütter *irren*
VALENTIN: *(Lässt das Drehbüchserl an der Schnur schwirren)*
SCHAUSPIELER: Tiere *wimmern*
VALENTIN: *(imitiert Hundegebell)*

SCHAUSPIELER: unter Trümmern.
   Alles rennet, rettet, flüchtet,
   Taghell ist die Nacht gelichtet;
   Durch der Hände lange Kette
   Um die Wette *fliegt der Eimer.*
VALENTIN: *(Wirft die 3 Eimer hinter die Bühne)*
KARLSTADT: *(Wehrt ab)*
SCHAUSPIELER: Hoch im Bogen
   Spritzen Quellen *Wasserwogen*
VALENTIN: *(Nimmt Mund voll Wasser und spritzt den Schau-*
   spieler an)
SCHAUSPIELER: Heulend kommt der *Sturm geflogen*
VALENTIN: *(Schaltet Sirene ein; Schauspieler kann nicht mehr*
   weiter sprechen; Sirene läuft weiter, ist nicht mehr zum aus-
   schalten; Schauspieler wird wütend, Karlstadt ratlos, Schau-
   spieler wirft Valentin Akten an den Kopf, läuft schimpfend
   davon. Karlstadt versucht vergeblich, Sirene zum schweigen
   zu bringen, es gelingt nicht. Valentin springt kurz entschlos-
   sen auf den Tisch und setzt sich auf die Sirene, welche sofort
   verstummt
                    Vorhang fällt,
(geht nochmals auf, Valentin steht auf, Sirene heult sofort wie-
   der, Valentin setzt sich gleich wieder drauf. Sirene schweigt,
   während…)
                    Vorhang fällt.

Wir kaufen den Reichssender – München

DOKTOR CASSIMIR: Guten Tag Fräulein Karlstadt! Guten Tag Herr Valentin! Ich bin bereits über Ihren Besuch vom Herrn Intendanten aus unterrichtet. Es handelt sich doch um die Besichtigung der ganzen Räume unseres Sendehauses; betreffs Ankauf desselben. Das stimmt doch?

VALENTIN: Ja – betreffs Ankauf desselben – es soll natürlich keine Aufdrängerei darstellen, sondern zusagen – – eventl. sozusagen wollte ich – a eigentlich sagen – –

KARLSTADT: Was redest denn da wieder für einen Babb zusammen?

VALENTIN: Ich hab mich leider nicht unrichtig verredet, – wissen Sie, Herr Doktor Cassidir........

DOKTOR CASSIMIR: Cassi*mir*!

VALENTIN: Mir?? – – Was *mir*?

DOKTOR CASSIMIR: Also, Sie wollen, soviel ich unterrichtet bin Ihren Beruf als Komiker ablegen und einen neuen Beruf ergreifen.

KARLSTADT: Ja, ich hab ihm abgeraten, er wollte nämlich zuerst einen Zirkus kaufen – oder einen Gaskessel – – irgend ein rundes Geschäft hätt' er kaufen wollen.

DOKTOR CASSIMIR: Sie meinen: Ein glattes Geschäft?

KARLSTADT: Nein!! Ein rundes G'schäft hätt' er mögen!

VALENTIN: Ja – – dös darf schon ein viereckiges Geschäft auch sein! Wie ihr Sendefunkraum. – – Vielleicht können wir jetzt Ihre Räumelichkeiten gleich beaugenscheinigen! – – Oder – – Sie könnten's uns auch telefonieren.

KARLSTADT: Heut redst wieder dadepft daher! – Die Räume kann er uns doch net telefonieren!

VALENTIN: Warum net? Da is ja a Telefon!

KARLSTADT: Freilich kann er in dem Raum telefoniern; aber an Raum selber kann er uns doch net zu uns heim=telefoniern. – De musst Dir schon da herin anschaun.

DOKTOR CASSIMIR: Also, hier meine Herrschaften ist der erste grosse Senderaum! (*Technik muss Echo einschalten*)

VALENTIN: Der ist aber fast ziemlich sehr gross!

KARLSTADT: Was wird daherin g'macht?

VALENTIN: Gespendet!! Hast as doch g'hört!

KARLSTADT: Wieviel muss man den spenden?

DOKTOR CASSIMIR: Hier wird nicht gespendet sondern »gesendet«! – Seh'n Sie, meine Herrschaften, hier oben ist die grosse Funkorgel. Die hat 3183 Pfeifen.

VALENTIN: 3183 Pfeifen?? Herrgott muass die laut pfeifen!

KARLSTADT: Sie Herr Doktor, was is denn das für ein leeres Zimmer da? Ganz ohne Möbel?

DOKTOR CASSIMIR: Das ist der Senderaum 2 für die Kammermusik.

KARLSTADT: Dös is aber ein pompöser eigentlich ein seriöser Raum.

VALENTIN: Der muass so sein! Da machens ja auch eine seriöse Musik herin! A Kammermusik! – Da ham mir scho a paarmal zuag'horcht dahoam – bloss zum Schluss soll'ns halt immer was drein geb'n, an Tölzer Schützenmarsch oder an Schafflertanz – dass unsereins auch noch a bisserl an Genüss davon haben tät, aus Dankbarkeit, dass ma solang zuag'horcht hat.

DOKTOR CASSIMIR: Das hier ist der Senderaum 3. Der ist speziell für heitere komische Vorträge.

VALENTIN: Der Raum is aber noch gut erhalten. Na ja, er werd' ja auch wenig benützt vom Münchner Rundfunk.

KARLSTADT: Sie, Dös Stangl da mit dem Teeseiger dran, des is so ein Mikifon?

VALENTIN: A! Mikifon! Du könnst ja glei sag'n »Mikkimaus«. *Mikrofon* hoasst dös! Aus »Mikrophon« kann man einen unendlichen Satz bilden: Von wem ist das Mikro, fon wem is das Mikro, fon u.s.w...... Das geht immer im Kreis rum.

DOKTOR CASSIMIR: Stimmt! Das hat kein Ende. – – Hier ist das Zimmer der Presseabteilung.

VALENTIN: Ah! Da wird gepresst und geabteilt.

DOKTOR CASSIMIR: Hier nebenan wie Sie sehen, ist der Raum für den Chor.

KARLSTADT: Da herinnen wird also dann gechort?

VALENTIN: Und alle vier Wochen vom Kaminkehrer gekehrt.

KARLSTADT: Das da ist aber ein ganz aparates   ah – aparrates Zimmer, nein ich mein ein apartes Zimmer.

DOKTOR CASSIMIR: Das ist das Empfangszimmer.

VALENTIN: Ah – – – – dös is dös Zimmer! Da hat wahrscheinlich das Büro-Fräulein drin empfangen, dera wo mir im ersten
Stock drunt begegnet sind.

DOKTOR CASSIMIR: Nein, nein! Das Empfangszimmer gehört
zum Empfang grosser Persönlichkeiten.

KARLSTADT: So? Da wer'n nur grosse Persönlichkeiten empfangen?!

DOKTOR CASSIMIR: Von hier aus kommen wir in den Sitzungs-
saal.

VALENTIN: Aha! Da wird nur gesitzt!

KARLSTADT: Man sagt nicht gesitzt, sondern gesetzt. Richtiger
ist noch besetzt.

VALENTIN: Besetzt sagt man aber nur bei dem technischen
Raum oo.

DOKTOR CASSIMIR: So – – – nun haben Sie alles gesehen! – – –
Die Maschinenräume, Werkstätten, unten im Parterre die
Entlüftungsanlage mit dem Exhaustor – soll ich Ihnen das
noch zeigen?

VALENTIN: Nein, nein! Dös ham ja wir g'sehn, wia ma rein-
ganga san.

DOKTOR CASSIMIR: Was hams da g'sehn?

VALENTIN: S'Haustor!

DOKTOR CASSIMIR: *(fünf Sekunden Pause)* Ich hab doch nichts
von einem Haustor gesagt!

VALENTIN: Freili! Sie ham g'sagt: Unten is die Entlüftungsanlage neben dem Haustor.

DOKTOR CASSIMIR: Nei – – n!!! – Ich hab gesagt die Entlüftungsanlage mit Exhaustor!

VALENTIN: Ja! – Is dös wieder was anders?

DOKTOR CASSIMIR: Ja, dös is ein ganz gewaltiger Unterschied.
– – Ein Exhaustor dreht sich und ein Haustor.......

VALENTIN: ...dreht sich auch!

DOKTOR CASSIMIR: Wieso? – Ein Haustor kann sich doch
nicht drehen?

VALENTIN: Freili, draht sie sich! Mir san doch durchganga!

DOKTOR CASSIMIR: Ja, *wer* dreht sich denn?

VALENTIN: s'Haustor drunt draht sich!

DOKTOR CASSIMIR: Nein nicht s'Haustor draht sich, sondern der Exhaustor dreht sich. Und zwar mit zweitausend Umdrehungen in der Minute. Da wenn Sie reinkommen würden oder durchschlüpfen würden, das würde Sie in 1000 Atome zerfetzen.

VALENTIN: Ja, also uns is nix passiert – mir san hintereinad durchganga und ham no glacht a, weil die ganzen Kanten mit lauter Kleiderbürsten eingfasst warn.

DOKTOR CASSIMIR: Ach, um Gotteswillen! Sie meinen ja die Drehtüre am Eingang! Also um wieder zur Sache zu kommen, wegen des Ankaufes des Sendehauses, hat Sie ja Herr Intendant vonwegen der Kaufsumme schon informiert – soviel ich im Bilde bin. Ich glaube das ganze Funkhaus kostet 4 Millionen Reichsmark, mit allem Drum und Dran – wie man so sagt.

VALENTIN: 4 Millionen – – –

KARLSTADT: 4 Millionen – – –

VALENTIN: Mit oder ohne Hörer?

DOKTOR CASSIMIR: Wieso? Meinen Sie Kopfhörer?

VALENTIN: Nein, nein! Die, die wo halt dahoam am Radio horcha!

DOKTOR CASSIMIR: Ach, Sie meinen unsere Rundfunkhörer? Ja, da haben wir ja in Bayern allein über 6 Millionen. – Ja, die Rundfunkhörer können wir Ihnen natürlich nicht mitverkaufen.

VALENTIN: Jaaaaa – – – *ohne* Hörer kaufen wir kein Rundfunkhaus. Glauben Sie wir sind komplett plem=plem? – – Für uns zwei allein brauchen wir kein so Trum Rundfunkhaus – – da tut's uns ein g'wöhnlicher Radio auch. – – Nur *mit* Rundfunkhörer würden wir drauf reflektsionieren.

KARLSTADT: Na, na! Ohne Hörer haben wir gar kein Interesse an dem Funkkauf. Das kommt gar nicht in Frage – – – da sind wir viel zu kaufmännisch veranlagt, um so zu dumm zu sein. – – – Geh weiter Valentin – gehn ma!

VALENTIN: Entschuldigens vielmals!

Das Heimkino

Ein Herr erscheint [a]uf der Leinwand und stellt ein schönes Gramola auf den Tisch. Er klappt den Deckel auf, und dieser Deckel ist eine Milchglasscheibe.

Er spricht zum Kino-Publikum folgendes:

»Meine Damen und Herren!

Hier haben Sie das sogenannte Heimkino! Man legt eine gewöhnliche Schallplatte auf, z. B. ›Der Zitherlehrer‹ von Karl Valentin und Liesl Karlstadt, lässt den Apparat laufen, und im selben Augenblick sehen und hören Sie zugleich die beiden Münchener Komiker Karl Valentin und Liesl Karlstadt in einer ihrer Original-Szenen.« Das Bild auf der Glasscheibe erscheint, wird dann zur Grossaufnahme, und man sieht die beiden Darsteller genau wie auf der Bühne ihren Dialog sprechen ($3\frac{1}{2}$ Minuten).

Am Schluss verschwindet die Grossaufnahme wieder zur Totalansicht der Gramola, der Herr nimmt die Platte ab und sagt:

»Ist so ein Heimkino nicht fabelhaft? Sie wollen wissen, wo Sie einen solchen Apparat kaufen können? – – Nirgends – – der muß erst erfunden werden!«

Kommunikation: Telefon

Die öffentliche Telefonzelle

Ort der Handlung: Spielt auf offener Strasse vor und in einer Telefonzelle. Zeit: Gegenwart.

PERSONEN:

Herr Obermeier . . . .   Karl Valentin
Frau Eisele . . . .   Liesl Karlstadt
Fräulein Kurz . . . .
Herr Grimmig . . . .
Herr Türschlag . . . .
Frau Klotz
Herr Dicker
Herr Stehler
       (Die Namen gehören nur für die Probe)
Jungfer Furchtsam
Herr Letzter
Ein Feuerwehrmann
Einige Passanten

OBERMEIER: *(Valentin. – läuft eilig auf der Strasse einer Telefonzelle zu, geht dann ärgerlich auf und ab und schaut dabei immer auf seine Armbanduhr, macht dabei viele Gesten des ungeduldigen Wartens)*

FRAU EISELE: *(kommt auf Herrn Obermeier zu)* Grüss Gott, Herr Obermeier, wo aus denn?

OBERMEIER: Ja guten Morgen, Frau Eisele, ärgern muass i mi schon in aller Fruah.

FRAU EISELE: Ja über was müassens Ihnen denn scho in aller Fruah ärgern?

OBERMEIER: Ja telefonieren möcht i und dö Flugga geht net raus.

FRAU EISELE: Ja dö Flitscherln bleib'n ja stundenlang drinn in Telefonkastl da schaug'ns hin, ihr G'friss tuat sie sich anmalen mit'n Lippenstift und mit der Puderquaste.

OBERMEIER: Ja was is denn dös? Der hilf i aber jetzt!

FRAU EISELE: Wissen Sie Herr Obermeier, was ich tun würde

94

mit dem unverschämten Frauenzimmer, ich würd sie aus'm Telefonkastl rauszieg'n und würd sie recht bei die Ohrwaschl'n nehmen.

(Während des obigen Gesprächs ist die Dame aus der Telefonzelle herausgetreten, ohne dass die beiden etwas davon bemerkt haben, dafür ist schnell ein grosser starker Mann mit grossem Schnurrbart in die Zelle hineingegangen. Kaum ist der starke Mann drinn, blickt Obermeier wieder ärgerlich auf seine Armbanduhr)

FRAU EISELE: Herr Obermeier, Sie haben schon eine Riesengeduld, dass Sie sich das bieten lassen –

OBERMEIER: Ja, Frau Eisele, da hab'n Sie aber auch recht, jetzt werde ich aber dieser Rotzpip'n die Meinung sagen. –

FRAU EISELE: Ja, sag'ns sie's ihr nur, dös schadt dem jungen Haserl gar net [.]

OBERMEIER: *(Geht nun wütend an die Zelle und haut mit dem Fuss gegen die Tür – wütend stürzt der Mann aus der Zelle und brüllt)*

HERR GRIMMIG: Ich bin kein Mädl, im Gegenteil, ich bin ein Mann *(geht wieder hinein, schliesst die Türe zu und telefoniert).*

FRAU EISELE: Ja sag'ns, was war denn jetzt dös?

OBERMEIER: Ja dös war jetzt gelungen, a Madl war drinn und a Mann kummt heraus.

FRAU EISELE: Ja sowas, jetzt müssen wir wieder warten, der bleibt vielleicht grad so lang drinn.

HERR GRIMMIG: *(verlässt die Zelle)*

OBERMEIER: *(hat aber die Schneid verloren, sagt kein Wort und schaut ihm ängstlich nach, erst als Grimmig weit genug entfernt ist, fängt Obermeier zu schimpfen an)*: Sie unverschämter Mensch.

FRAU EISELE: *(schaut ihm ebenfalls nach, während dem ist aber schon ein anderer hinter den beiden in die leere Telefonzelle getreten und zwar Herr Türschlag)*

OBERMEIER: Das ist der Gipfel der Unverschämtheit, jetzt ist schon wieder ein anderer drinn, das passiert jetzt nicht mehr, das garantier ich.

FRAU EISELE: Wissens was, Herr Obermeier, da stelln's Ihnen

direkt vor die Tür hin, dann kann Ihnen nichts mehr passieren, so Herr Obermeier, ich muss jetzt heimgehn pfüat Good und an recht schönen Gruss an Ihre Frau Gemahlin.

OBERMEIER: Pfüat Eahna Good Frau Eisele und an recht an schönen Gruss an Ihren Herrn Gemahl.

(hierauf verlässt Herr Türschlag die Telefonzelle und haut Obermeier die Türe an den Schädel, dass er gleich auf den Boden fällt)

HERR TÜRSCHLAG: *(zu Herrn Obermeier)* Haben Sie sich weh getan, lieber Mann?

OBERMEIER: Ich mir nicht, aber Sie *(Obermeier hebt den Kopf und jammert – hinter den beiden ist aber schon wieder jemand anderer in die Zelle getreten und zwar eine alte Frau, die Frau Klosit (Liesl Karlstadt in Verwandlung) die geht hinein, kommt aber sofort wieder heraus. [)]*

OBERMEIER: Sind Sie schon fertig, das ist aber schnell gegangen!

FRAU KLOSIT: Na, na, ich muss nicht telefonieren, ich wollt wo anders hin, da herin geht das nicht.

OBERMEIER: Ganz richtig, Sie sind eine vernünftige Frau. *(er geht in die Zelle um endlich zu telefonieren, vor der Zelle steht schon wieder ein anderer und zwar ein kleiner Mann mit rotem Spitzbart und einem ganz dicken Bauch. Obermeier kommt nun ohne dass er telefoniert wieder heraus und flucht:[)]* Himmel Herrmann Sapperment, jetzt hab ich wieder kein 10 Pfennigstück dabei zum telefonieren nur einen Zehnmarkschein.

HERR DICKER: *(drängt Herrn Obermeier zur Seite und will in die Zelle eintreten. [)]*

OBERMEIER: Halt, halt, ich bin an der Reihe, ich habe nur kein 10-Pfennigstück.

HERR DICKER: Dann lassen Sie mich doch vor Ihnen hinein um zu telefonieren denn ich hab ein 10 Pfennigstück, wenn Sie kein Geld haben.

OBERMEIER: Ich habe Geld *(zeigt ihm einen 10 Markschein)* das ist sogar zu viel Geld, ich brauche ja nur 10 Pfennige.

HERR DICKER: Mit dem 10 Markschein da brauchen Sie gar nicht zu protzen, in einer Telefonzelle nutzt Ihnen nicht einmal ein Tausendmarkschein was, gehen Sie doch hinüber *(auf ein Zigarrengeschäft deutend)* und lassen Sie Ihren 10 Markschein wechseln.

OBERMEI[E]R: So dumm werde ich sein und laufe da weg und Sie gehen dann hinein.

(es wird auf der Bühne etwas finsterer und es hat den Anschein als ob es bald regnen würde [;] Obermeier und Herr Dicker strecken die Hände aus und bemerken, dass es schon regnet, beide wollen nun zugleich in die Zelle, damit sie nicht nass werden. Obermeier spannt seinen Regenschirm auf, kann aber damit nicht in die Zelle hinein. Herr Dicker hat aber auch noch einen grossen Koffer dabei, den er auch noch in die Zelle mit hineinnehmen will, damit er nicht gestohlen wird.)

Ja mit diesem Haufen Sachen können Sie doch nicht da herein, entweder lassen Sie Ihren Koffer draussen oder Ihren dicken Bauch!

HERR DICKER: *(stellt den Koffer vor die Türe und drängt sich zu Herrn Obermeier in die Zelle hinein. – Im anderen Moment kommt ein anderer Passant auf der Strasse gegangen, sieht plötzlich den Koffer allein vor der Telefonzelle stehen, nimmt den Koffer und läuft davon. Der Dieb heisst Herr Stehler)*

HERR DICKER: *(sieht den Diebstahl durch das Fenster der Telefonzelle, springt aus der Zelle heraus, schreit)*: Halt's n auf, halt's n auf – – – – *(läuft dem Dieb nach und verschwindet)*.

OBERMEIER: *(freut sich, dass er nun endlich telefonieren kann, aber er hat noch immer kein 10 Pfennigstück. Also schnell in das Zigarrengeschäft hinüber zum Wechseln. Zögernd verlässt er die Zelle, schaut dabei immer, ob wieder einer auf die Zelle zukommt. Als er ungefähr 3 Meter davon entfernt ist, kommt schon ein Passant, er wollte aber gar nicht in die Telefonzelle, sondern geht daran vorbei. Dieses Spiel wiederholt sich öfters, endlich kommt eine alte Jungfer daher, Obermeier rennt wieder zur Zelle, die Jungfer schreit um Hilfe, weil dieselbe der Meinung ist, der Mann will ihr was, Obermeier klärt sie aber auf, dass er glaubte, sie wolle in die Telefonzelle, er habe kein Zehnerl und müsse wechseln lassen in dem Zigarrengeschäft da drüben. Aber wenn er da weggeht, geht ein anderer hinein. [)]*

97

ALTE JUNGFER: Wechseln müssen Sie lassen? Sehr einfach, ich lass Ihnen wechseln, geben Sie mir den Zehnmarkschein.

OBERMEIER: *(Stutzt momentan, hat den Zehnmarkschein in der Hand und meint):* Ja, ich kenne Sie ja gar nicht, Sie sind mir ja fremd.

ALTE JUNGFER: Ja seh ich so aus, als ob ich Ihnen mit dem Geld durchbrennen möchte?

OBERMEIER: *(ist verlegen und weiss nicht was er tun soll)*

JUNGFER: Sehr einfach! Wenn Sie ein Misstrauen haben gegen mich, dann gehen Sie eben mit zum Wechseln.

OBERMEIER: Jawohl, sicher ist sicher *(Beide gehen mitsammen ab und als sie weg sind, kommt wieder ein anderer und geht in die Zelle)*

OBERMEIER: *(Kommt allein vom Zigarrengeschäft mit dem gewechselten Zehnmarkschein zur Zelle zurück. Zu seinem Erstaunen sieht er schon wieder jemand in der Zelle)* Himmel – Kreuz-Donnerwetter, jetzt wird es mir aber bald zu dumm *(flucht, geht wieder ungeduldig auf und ab, schaut auf seine Armbanduhr usw. Da verlässt Herr Letzter die Zelle, Obermeier geht schnell in die Zelle aber – o Schreck – der Herr hat ein furchtbares Klima hinterlassen, er hält sich die Nase zu und kommt sofort wieder heraus und schreit):* Saustall! *(Da kommt schon wieder einer auf die Zelle zu und sagt zu Herrn Obermeier:* Frei – oder telefonieren Sie?)

OBERMEIER: Bitte, telefonieren Sie ungeniert.

HERR NASEHALT: *(geht in die Zelle, kommt aber sofort wieder heraus hält sich die Nase zu)*

OBERMEIER: Schon fertig?

NASEHALT: Ich telefoniere auch später *(geht ab)*

OBERMEIER: Bindet sich mit einem Taschentuch die Nase zu, geht in die Zelle und wählt an der Telefonscheibe die Nummer, geht aber sofort mit dem Hörrohr aus der Zelle und telefoniert auf der Strasse.

SCHUTZMANN: *(kommt auf Obermeier zu und spricht):* Was treiben Sie hier?

OBERMEIER: Ich telefoniere.

SCHUTZMANN: Warum gehen Sie nicht in die Zelle hinein? Am Bürgersteig ist das nicht gestattet.

OBERMEIER: Aber in der Zelle....

SCHUTZMANN: Keine Widerrede, marsch hinein in die Zelle.

OBERMEIER: Aber – – – – –

SCHUTZMANN: Kein Aber!

OBERMEIER: Nur eine Frage, Herr Schutzmann, darf man in der Zelle drinn rauchen?

SCHUTZMANN: Rauchen können Sie drinn *(Schutzmann geht ab)*

OBERMEIER: Gut! *(zündet sich eine dicke Zigarre an und nimmt die Zigarre verkehrt in den Mund, bläst den Rauch in die Zelle und macht die Zellentür zu)*

HERR LETZTER: *(kommt zur Zelle und will telefonieren, sieht aber, dass die Zelle voll Rauch ist – Rauch qualmt aus allen Fugen der Zelle – schreit)*: In der Telefonzelle brennt's! *(rennt sofort an den Feuermelder, der sich in der Nähe befindet, schlägt die Scheibe ein und alarmiert die Feuerwehr. – Bis die Feuerwehr ankommt, ungefähr eine Minute – unterhalten und streiten einige Passanten mit dem Herrn Letzter über das Einschlagen des Feuermelders. Plötzlich hört man von Ferne die Feuerwehr ankommen, Autolärm usw. Ein Feuerwehrmann erscheint mit Schlauch auf der Bühne und ruft:* Wo brennt's? *Alle anwesenden Passanten deuten auf die Telefonzelle und schreien:* Da brennt's! [)]*

EIN PASSANT: *(Öffnet die Zellentür und der Feuerwehrmann spritzt mit einem brausenden Strahl in die Zelle. Patschnass ziehen sie den Obermeier heraus (kann auch eine Puppe sein [)], ziehen ihn zur Bühne hinaus, alle Passanten stehen lachend auf der Bühne. [)]*

OBERMEIER: *(kommt wie ein durchnässter Pudel abermals auf die Bühne, geht wieder zur Zelle hinein, ein Passant fragt ihn neugierig:* »Wollen Sie nochmals da hinein? [«])*
Ja, meinen Regenschirm hab ich vergessen – – – – *(holt denselben aus der Zelle heraus, spannt den nassen Schirm auf und geht ab.)*

Zwickmühle

Telefon läutet

OTTO: Hier ist Ingenieur Berger.

GELIEBTE: Guten Morgen, Herr Ingenieur, gut geschlafen?

OTTO: Ja Mausi, guten Morgen, lasse bitte den Herrn Ingenieur weg, es genügt vollständig, wenn du sagst: mein lieber Otto.

GELIEBTE: Also mein lieber Otto – mein süsser Otto – treffen wir uns also heute Abend punkt 5 Uhr am Bahnhofplatz bei der bewussten Litfassäule, aber bitte nehme nicht in deiner angeborenen Zerstreutheit Deine Frau Gemahlin mit.

OTTO: Nein! Bei solchen Zusammenbestellungen bin ich sehr gewissenhaft. Aber fasse dich kurz am Telefon, denn meine Frau Gemahlin liegt noch im Bett und kann jeden Augenblick aufstehen. Um Gotteswillen, sie ist schon auf.

FRAU: Ja, ich bin schon auf – wer ist am Telefon?

OTTO: Der Herr Direktor, einen Moment Herr Direktor *(leise zur Frau)*: Der Herr Direktor meint, ich soll heut Nachmittag um 5 Uhr ins Büro kommen, wegen einer wichtigen Sache. *(Ins Telefon)*: Jawohl, Herr Direktor, ich habe zwar noch 3 Tage Urlaub, aber wenn Sie wünschen, selbstverständlich.

FRAU: Nein, Otto, das tust du nicht – alles was recht ist – Urlaub ist Urlaub – lass mich mit dem Herrn Direktor sprechen.

OTTO: Nein, nein, Erna lass das – *(aus dem Stegreif ein Hin und Her, zwischenhinein spricht der Ingenieur immer)*: Ja, ja, Herr Direktor – schön, ich komme bestimmt um 5 Uhr.

FRAU: Nein – *(kommt mit dem Arm an die Telefongabel und unterbricht das Gespräch)*.

OTTO: So, nun hast du das Gespräch mit dem Herrn Direktor unterbrochen. Der Mann wird wütend sein auf mich.

FRAU: Gib mir die Nummer, ich ruf ihn selbst an.

OTTO: Nein, das tust du nicht.

FRAU: Das tu ich schon – wenn dein Herr Direktor nicht weiss, was Urlaub heisst, dann werde ich ihm das erklären.
(Streiten hin und her).
Telefon läutet

OTTO: Um Gotteswillen, das ist wieder der Herr Direktor *(hebt den Hörer ab und ruft hinein)* Verzeihen Sie, Herr Direktor, meine Frau hat Sie unterbrochen *(als seine Frau sprechen will, unterbricht Otto schnell die Verbindung).*

FRAU: Nun ruf ich selbst den Herrn Direktor an *(ruft an).* Herr Direktor! Verzeihen Sie, Herr Direktor, aber bitte gönnen Sie doch meinem Mann noch die 3 Tage Urlaub – er ist ja mit seinen Nerven so herunten usw..... Wie? Sie haben nicht angerufen? *(zu Otto)* Ja – der Herr Direktor weiss ja gar nichts – ja mit wem hast du denn da gesprochen? Du brauchst um 5 Uhr nicht am Bahnhofplatz sein – da stimmt etwas nicht!

OTTO: Du hast ja mit dem Direktor gar nicht gesprochen, du hast eine andere Nummer gewählt und dadurch warst du falsch entbunden.

Valentin am Telefon

Der Apparat raucht (mit Räucherkerzchen wird der Rauch erzeugt)

Valentin wählt mit dem Finger ganz zögernd weil der Telefonapparat (Wählscheibe) von dem stundenlangen Drehen schon glühend ist –

Valentin schreit endlich!! – hallo! ist Liesl Karlstadt, du sollst heut Punkt 2 Uhr zur Probe kommen. Wie bitte? Wer ist am Apparat – Frau [...]?? Was haben sie für ein Geschäft Hebamme!!? Ja da bin ich ja wieder falsch entbunden, verzeihung – falsch verbunden wollt ich sagen – Das ist ja zum Haarausreißen *(Valentin reißt sich aus seiner Perücke büschelweise alle Haare aus)* – *Glatzköpfig ruft er* Nieder mit dem Telefon – Ein Hoch der Technik!

Erfindungen, Neuigkeiten

Magnet – Fisch – Angel – Fix!
Eine zeitgemäße Erfindung

Ein wahrer Triumph ist es zu nennen, was der geniale Erfinder Karl Valentin erfunden hat. Die Verzweiflung der Angelfischer über jahrelanges »Nichtserwischen« ist behoben. Jeder Angelfischer ist von nun an »Beuteheimträger« geworden. Das jahrzehntelange Warten auf den »Fischanbiß« ist durch das Patent Valentins aus der Welt geschafft. Kein Auslachen der Zuschauer mehr beim Zuschauen des Fischens. Die Anwendung des »Emfaf« ist Knaben und Mädchen leicht. (Kurz gesagt kinderleicht.) Aus Anglerkreisen wird uns berichtet, daß alte leidenschaftliche Angler, die 40 bis 45 Jahre und darüber hinaus noch nie beim Angeln etwas »erwischt« haben, aus Freude über diese Erfindung haselnußgroße Tränen geweint haben. Unter den Fischen selbst ist, wie uns berühmte Taucher mitteilen, eine große Bestürzung ausgebrochen. Scharenweise schwimmen sie beisammen und beraten Gegenmaßregeln gegen »Emfaf«. Sämtliche Verlage von lustigen Blättern, die seit Bestehen des Angelsportes an den Anglerwitzen Geld verdient haben, haben ihre Verlagshäuser schwarz beflaggt. So schwer die Erfindung des »Emfaf« zu begreifen ist, so leicht ist sie für den Laien verständlich. Statt dem scheußlichen Mordinstrument, »Angelhaken« genannt, tritt nun das Angelmagnet. Während der Angelhaken aus Stahl und einem gebogenen Haken geformt ist, besteht das Magnet aus Mag und net. Der Angelhaken mit Widerhaken mußte stets beim alten System trotz »Tierschutzvereinswidrigerweise« mit einem lebenden Regenwurm »geschmückt« werden, der als Leckerbissen den zu fangenden Fisch anlocken sollte. Bei »Emfaf« kommt dies völlig in Hinwegfall, da die Krümmung des Magneten an und Pfirsich schon einem gekrümmten Wurm ähnelt. Der Fisch betrachtet sich nun im Bedarfsfalle das Magnet und denkt sich dabei vielleicht »instinktisch«… Ja, was ist denn das für eine Angel? Er betrachtet sich das Magnet näher (besonders, wenn es sich um einen kurzsichtigen Fisch handelt) und schon hat ihn das Magnet erfaßt, und warum… Weil der Fisch »Eisen« in sich hat, und Eisen wird bekanntlich vom Magnet angezogen.

Wie werden aber die Fische eisenhaltig? Diese Frage ist aber ebenfalls von dem feinsinnigen Erfinder gelöst worden. Man geht tags zuvor an die betreffende Stelle, wo der Fischfang stattfinden soll, und füttert die Fische mit den kleinen Patentbrotkügelchen, welche unter dem Namen »Aha« in den Handel gekommen sind. Diese Patentbrotkügelchenmischung ist ebenfalls eine Erfindung von Karl Valentin. Die Mischung der Kügelchen besteht aus Mehlteig, »Regenwurmblut« und »Eisenfeilspänen.« Die von Fischen verschluckten »Patentbrotkügelchen« sind nun eisenhaltig und damit die Fische auch. Folglich wird der Fisch, falls er sich dem Magnet nähert, von demselben angezogen; der Fischer merkt am Untergehen des Angelkorkes, daß ein Fisch angebissen hat, also in diesem Falle am Magnet haftet. Nach Entfernung des Fisches vom Magnet wird der Magnet »abgetrocknet« (da er im trockenen Zustande mehr Anziehungskraft besitzt) wieder in das Wasser geworfen, und derselbe Vorgang wiederholt sich nach Belieben. »Emfaf« funktioniert in jedem Wasser, sogar in dem stark salzhaltigen Meereswasser. Nur im »schwarzen Meer« müssen Pillen mit »Radiummischung« verwendet werden, da die Fische in dem tiefschwarzen Wasser nur »beleuchtete« Kügelchen erkennen können. Allerdings kommt dieses Verfahren ziemlich teuer, aber der Erfinder Karl Valentin hat Mittel und Wege gefunden, die Herstellungskosten bedeutend zu ermäßigen, indem er statt Radiummischung, die Pillen mit »Glühwürmchensyrup« verarbeitet, womit er dieselbe »Leuchtkraft« erzielt.

Die Erfinderin

Ort der Handlung: Büro eines Patentanwaltes

PERSONEN: Der Patentanwalt......
             Die Erfinderin........

ANWALT: Wie gesagt, Fräulein Gscheit, ich habe in meinem Büro schon viele Erfin*der* beraten, aber selten eine Erfinder*in*.

FRÄULEIN GSCHEIT: Geb ich gerne zu; aber warum soll eine Frau nicht auch einmal gute Ideen haben, Ratschläge oder Anregungen geben können.

ANWALT: Gewiss! Warum nicht.

FRÄULEIN GSCHEIT: Natürlich bleib ich mit meinen Ideen im Rahmen des Haushaltes.

ANWALT: Wie meinen Sie das?

FRÄULEIN GSCHEIT: Na ja, Verbesserungen und Neuigkeiten in Haushaltungsgegenständen. – Was ärgern sich z. B. die Hausfrauen über das Ueberlaufen der kochenden Milch.

ANWALT: Sehr richtig!! – Sehr richtig!! – Aber, da möchte ich Sie darauf aufmerksam machen, daß da schon sehr praktische Erfindungen existieren und auf dem Markt sind, wie z. B. der bekannte Milchklapperer aus Porzellan.

FRÄULEIN GSCHEIT: Kenne ich – eine kleine gewellte Porzellanscheibe kommt in den Milchtopf, und wenn die Milch Miene macht und überzulaufen droht, klappert der Teller. Aber der Milchklapperer hat diesen Nachteil, dass, wenn man vergisst, ihn in den Milchtopf zu geben, er auch nicht klappert.

ANWALT: Allerdings! – Haben Sie etwas Neues?

FRÄULEIN GSCHEIT: Natürlich! *(Frau bringt vom Vorplatz des Büro's einen grossen Blechkübel – mindestens 40 cm hoch und 40 cm im Durchmesser)*
Seh'n Sie, Herr Anwalt, in diesen Kübel geben Sie einen halben Liter Milch – stellen den Topf auf das Herdfeuer – die Milch kann und wenn sie dieselbe zehn Stunden lang kochen lassen garantiert niemals überlaufen.

ANWALT: Ausgezeichnet! – Das glaub ich gerne! Aber verkochen kann sie doch in dem Riesengefäss.

FRÄULEIN GSCHEIT: Das schon! – – – Aber überlaufen – – ausgeschlossen. – – – Dann habe ich hier noch eine neue Erfindung »staubfreie Wohnung« *(zeigt einen Klumpen Kitt und klebrige Bänder)*.

ANWALT: Aha! – – – Aber gnädige Frau, da muss ich Sie als Patentanwalt darauf aufmerksam machen, dass es schon verschiedene Arten und Systeme von elektrischen Staubsaugerapparaten gibt, die nicht mehr übertroffen werden können.

FRÄULEIN GSCHEIT: Weiss ich – aber die kosten viel Strom, Bedienung ectr., während meine Erfindung viel einfacher ist. Dieselbe beruht auf die einfache logische Weise, – – – den Staub nicht herein lassen in die Wohnungen, und dass ist zu vermeiden durch meine Idee. – Passen Sie gut auf: Mit meinem Ritzenkitt und mit meinen Ritzenklebebändern werden alle Ritzen, Schlüssellöcher und Türfugen verklebt. Dadurch kann kein Stäubchen Staub mehr in die Wohnung eindringen; das ist doch eine fabelhafte Idee, nicht wahr!

ANWALT: Jaaaa! – – – Und die Wohnungstüre wird auch verklebt?

FRÄULEIN GSCHEIT: Selbstverständlich! Durch das viele öffnen der Wohungstür fliegt ja der meiste Staub in die Wohnung hinein.

ANWALT: Jaaaa – – – aber – –

FRÄULEIN GSCHEIT: Was aber?

ANWALT: Wie kommen Sie denn dann in eine Wohnung hinein?

FRÄULEIN GSCHEIT: . . . . ja so! – – – An das hab ich gar nicht gedacht! – Na ja, ein Fehlgriff – – der raffinierteste Erfinder kann auch einmal eine Dummheit machen.

ANWALT: Was haben Sie noch neues?

FRÄULEIN GSCHEIT: Wanzenvertilgungsmittel.

ANWALT: Gegen Wanzenvertilgung existieren schon mindestens 1000 Erfindungen.

FRÄULEIN GSCHEIT: Aber keine so sichere wie die Meine – die ist epochemachend.

ANWALT: Na und –

FRÄULEIN GSCHEIT: Alle Tinkturen, – Ausräucherungen, ectr. usw. sind zwar gut, aber nicht todsicher. *(zeigt ihm einen Apparat, ähnlich einer Kaffemühle)*

ANWALT: Aha!

FRÄULEIN GSCHEIT: Aus diesen Apparat kommt keine Wanze mehr lebend heraus – unter Garantie. Die Wanzen kommen hier in den Trichter hinein, fallen hinunter in ein Räderwerk und werden mittels dieser Kurbel, welche man dreht, zu lauter Brei zermalmt.

ANWALT: Aha! – Jaaa! – – – Aber – – wie kommen denn die Wanzen in den Apparat hinein?

FRÄULEIN GSCHEIT: Ja, die Wanzen muss man natürlich zuerst fangen – von selber laufen sie nicht hinein.

ANWALT: Von dieser Erfindung versprech ich mir nicht viel. – Haben Sie noch etwas anderes?

FRÄULEIN GSCHEIT: Jawohl! Hier eine dreiwandige Dose, zur Aufbewahrung von Fett aller Art, wie Butter, Schmalz ectr. – Butter können Sie z. B. pfundweise, kurzum jedes Quantum monatelang aufbewaren, ohne dass die Butter ranzig wird..

ANWALT: Das ist natürlich nur eine Erfindung für Friedenszeiten! – Denn im Krieg……

FRÄULEIN GSCHEIT: Auch in Kriegszeiten – natürlich nur für solche, die noch Butter haben.

ANWALT: Solche Leute gibt es im Krieg nicht. – Ausser dem Hamsterer und denen soll er ranzig werden.

FRÄULEIN GSCHEIT: Dann! – Was sagen Sie zu dieser Erfindung? Das ist zwar eine Angelegenheit, die Ihnen zu erklären, mir nicht leicht fällt; es ist zwar keine Erfindung von mir, sondern nur eine Anregung.

ANWALT: Was ist das?

FRÄULEIN GSCHEIT: Ja! – – Wir sprachen vorhin vom Staubsauger.

ANWALT: Ja und!

FRÄULEIN GSCHEIT: Der Staubsauger saugt Staub ein.

ANWALT: Richtig! Deshalb heisst er auch »Staubsauger«.

FRÄULEIN GSCHEIT: Er saugt aber auch Luft ein.

ANWALT: Sehr richtig, staubige Luft.

FRÄULEIN GSCHEIT: Die Luft, die *ich* meine, staubt aber nicht.

ANWALT: Was meinen Sie da für eine Luft?

FRÄULEIN GSCHEIT: *(weiss nicht, wie sie sich ausdrücken soll)* Ich kann Ihnen das schlecht erklären – Sie sitzen an einem geheimen Ort –

ANWALT: An einem geheimen Ort? – – – Hier in München?

FRÄULEIN GSCHEIT: Ja – in ihrer Wohnung meine ich.

ANWALT: In meiner Wohnung ist ein geheimer Ort? – – – Ach, jetzt versteh ich – – am – – ja ja, am – W. C. meinen Sie – – ha, ha, ha.

FRÄULEIN GSCHEIT: W. C. – ganz richtig.

ANWALT: Aber auf dem W. C. staubt es doch nicht.

FRÄULEIN GSCHEIT: Stauben nicht! – – – Aber – –

ANWALT: Ja, wenn es nicht staubt, was wollen Sie denn dann mit dem Staubsauger machen?

FRÄULEIN GSCHEIT: Sie wollen mich nicht verstehen – – – passen Sie auf: – – – Wenn Sie sich an diesem Ort beschäftigen...

ANWALT: Beschäftigen?

FRÄULEIN GSCHEIT: Jetzt muss ich deutlicher werden – – – Riecht es in ihrem W. C. nach Nelken und Hyazynthen?

ANWALT: Nein! Ha, ha, ha, ha, – im Gegenteil!

FRÄULEIN GSCHEIT: Jetzt haben wir's. – Wenn sie im W. C. nach der Sitzung einen Staubsauger einschalten, – saugt dieser, so wie er den Staub aufsaugt, dieses »Gegenteil« ein.

ANWALT: Sehr richtig! – Nur befasse ich mich nicht mit sanitären hyginische Einrichtungen. – Aber, wenn Sie sonst noch irgend etwas Neues haben, für die Leipziger Messe, wäre ich sehr interessiert dafür.

FRÄULEIN GSCHEIT: Ja, da habe ich was. – Was sagen Sie zu dieser Erfindung? Was ärgern sich die armen Ehefrauen, wenn der Mann alle Tag zu spät vom Wirtshaus nach Hause kommt.

ANWALT: Das stimmt! – Aber, da wird es wohl keine Erfindung geben, denn die Ehemänner, wenigstens die meisten, lassen sich da keine Vorschriften machen.

FRÄULEIN GSCHEIT: Doch! – Ich habe etwas ganz Radikales.

ANWALT: So? – Und das wäre? Da bin ich aber neugierig!

FRÄULEIN GSCHEIT: *(Zeigt ihm eine 10 Pfund schwere Bleiplatte)* Heben Sie mal, Herr Anwalt!

ANWALT: Um Gotteswillen! Was soll denn diese schwere Bleiplatte bedeuten?

FRÄULEIN GSCHEIT: Diese Platte legt die Frau mittels einer
Vorrichtung allabendlich wenn der Mann in sein Wirtshaus
gegangen ist, über die Haustüre und wenn der Mann Nachts
spät nach Hause kommt fällt ihm diese Platte direkt auf den
Kopf.

ANWALT: Um Himmelswillen! – Da kann er ja tot sein!

FRÄULEIN GSCHEIT: Sicher! Dann kommt er nie mehr zu spät
nach Hause.

K-J-S-. (Katzenjammer-Jmpf-Serum)
Wissenschaftlicher Lehrfilm.

Die Entstehung des Rausches. Dessen Bekämpfung.
Öffentlicher Vortrag des Herrn Professors Karl Valentin und
praktische Erklärung am eigenen Körper.

1. Bild.

Professor Karl Valentin steht an einem Rednerpult, hinter ihm
eine Wasserleitung – rechts von ihm ein Tisch mit vollen Wein-
flaschen oder Bierkrügen – Tischglocke – Tintenzeug – Ein Glas
Wasser. –.

Das Kinopublikum ist in diesem Falle also das Publikum in
dem Vortragssaal. Professor Valentin beginnt seinen Vortrag,
läutet zuerst mit der Handglocke.

Text–––––: Hochgeehreter Zuschauerraum!

Der Alkohol – lateinisch Alko, das Gift, hol, der menschliche
Schädel – ist eine flüssige Substanz, welche in grossen Mengen
eingenommen, das Hirn des Menschen zu einer verwirrten
Masse umwandelt. Durch meine epochemachende Erfindung
des »KJS« (Katzenjammer-Jmpf-Serum-) ist von nun an der
übermässige Alkoholgenuss nicht mehr schädlich, denn der
grösste Kanonenrausch kann durch eine einzige Injektion (Ein-
spritzung in die Kopfhaut) behoben werden. Sie sehen z. B. ge-
genwärtig an mir einen ganz normal nüchternen Menschen.
Beim Austrinken eines Glases reinen Brunnenwassers werden
Sie an mir keinerlei Veränderungen wahrnehmen. Auch nicht
beim 2, 3, 4, 5, 6, 7, 8, 9, 10 und 11. Glas, nicht einmal bei
hektoliterweiser Einfüllung in den Magen. Dem Professor Valentin wird nun von der Wasserleitung aus ein Schlauch in den
Mund geführt, aus dem das Wasser in ganz grossem Strom her-
aussprudelt, während Professor Valentin das Trinken markiert.
Grossaufnahme der Augen allein. Die klaren Augen zeigen nach
dem Genusse des Hochwassers nicht die geringste Alkoholver-
giftung. – Nun meine Herrschaften folgt der Gegenbeweis. Jch
führe Jhnen den schädlichen Alkoholgenuss am eigenen Körper

wieder vor. Sie werden daraus die stufenweise Verblödung von Flasche zu Flasche selbst wahrnehmen. Im höchsten Stadium des Kanonenrausches, in welches ich mich nun selbst begeben werde, werden Sie Gelegenheit haben, die Katzenjammerbilder (sogenannte Rauschhalluzinationen) beobachten zu können. Der neueste Röntgenapparat, mittels dessen man im Stande ist, Träume, Gedanken, Zwangsvorstellungen im menschlichen Gehirn zu fotografieren, ist dabei von grosser Tragweite.

Grossaufnahme. – Kopf des Professor Valentin mit Röntgenstrahlen durchleuchtet. Das Gehirn wird durch lauter eingefüllte Därme dargestellt in einem grossen, dem Schädel ähnlichem Becken und ist beim Austrinken der ersten Flasche schon etwas beweglich. Bei der Zweiten noch beweglicher, bis bei der zehnten Flasche fällt Professor Valentin total besoffen unter den Tisch.

Grossaufnahme des Gehirns. Katzenjammerbilder. – 6 Teufeln arbeiten in der Gehirnmasse herum. Der eine meisselt von innen die Hirnschale durch, der zweite bohrt mit einem Korkenzieher in der Gehirnmasse, der dritte sägt von aussen das Ohr ab, ein anderer Teufel schlägt mit einem Beil die Nase ab, u. s. w. . – –

Hierauf kommt ein zweiter Professor und spritzt dem besoffenen Professor Valentin das »KJS« ein. Nach einigen Sekunden erwacht der Professor aus seinem Alkoholdelirium, bekommt wieder ein klares Auge, und deutet sich stolz auf die Brust.

Meine Erfindung!!! »KJS« ist vorläufig in allen Apotheken noch nicht zu beziehen, – Interessenten und Herren Ärzte, welche sich für dieses Jmpfserum interessieren, möchten sich an nachstehende Adresse wenden. Bitte zu notieren:

Professor Karl Valentin

Tedhfesnme – Frjgsbejdisjklq – Ksjdhfznvkemy

Mdkaleizemhdwmhdmw.

Grammophongebrauchsanweisung

Vorwort: Meine Damen und Herrn! Wenn Sie sich eine neue Nähmaschine oder einen Staubsauger kaufen, dann bekommen Sie in dem betreffenden Geschäft eine gedruckte Gebrauchsanweisung dazu. Wenn Sie sich aber einen Grammophon kaufen, dann ist eine gedruckte Gebrauchsanweisung überflüssig, weil ein Grammophon der einzige Gegenstand auf der Welt ist, der selbst sprechen kann. Einen Moment, der Grammophon hat das Wort:

Gestatte mir, dass ich mich vorstelle. Mein Name ist Grammophon, Grammola, Sprechmaschine oder wie Du mich heissen willst, das ist mir wurscht. Jch möchte hier denjenigen, die noch nicht wissen wie man eine Sprechmaschine behandelt, meine eigene Gebrauchsanweisung sagen.

Nachdem Du mich in irgend einem Geschäft gekauft und hoffentlich auch bezahlt, und gut nachhause gebracht hast, stellst Du mich bitte in Deiner Wohnung in irgend einen würdigen Raum – aber bitte, ja nicht in's W-C-.

Nachdem ich aus Holz bin, darfst Du mich begreiflicherweise nicht neben einen heissen Ofen stellen, da sonst mein ganzer Körper aus dem Leim geht. Wenn du mich zu hören wünschtst, dann stecke mir die Kurbel in das Loch, welches sich bei mir an der Rückwand befindet, und ziehst mich damit auf. Jst dies mit Vorsicht geschehen, legst du mir eine gute Schallplatte auf meinen Rücken.

Über dem Drehteller, an einem beweglichen Arm, befindet sich die Membrane. Diese Membrane besteht aus M-e-m-b-r-a-n-e.

Jn dieselbe steckst Du mir eine Grammophonnadel, aber bitte ja keine gebrauchte, oder gar einen verrosteten Nagel, sondern stets eine neue Nadel. Dann lässt du das Werk anlaufen und setzt die Membrane sanft auf die Schallplatte und zwar am [äu]ssern Rande, ja nicht in die Mitte, denn sonst würde ich von hinten anfangen.

Sobald nun die Platte spielt, brauchst Du nichts mehr zu tun, als zu horchen und zwar so lange, bis Du nichts mehr hörst.

Hörst Du also nichts mehr, kannst Du zwar trotzdem weiter horchen so lange Du willst, aber wie gesagt, es ist sinnlos. Weil wir gerade vom Horchen sprechen, will ich Dir einen guten Rat geben. Horche nur am Grammophon, niemals an der Wand. Das alte Sprichwort heisst: »Der Horcher an der Wand, hört seine eig'ne Schand« – aber – der Horcher am Grammophon, hört meinen schönen Ton.

Lieber Grammophonbesitzer, es freut mich riesig, wenn ich bei Dir gut aufgehoben bin, behandle mich also gut, gib mir zur richtigen Zeit meine Nahrung, welche aus feinem Maschinenöl besteht und – solltest Du meiner einmal überdrüssig werden, dann verkaufe mich an irgend einen anderen, an einen Grammophonliebenden Menschen. Nur wirf mich nicht in eine Speicherecke.

Sei mir aber zum Schluss noch ein wenig dankbar, dass ich Dir durch mein Können manche langweilige Stunde in Deinem Leben verscheucht habe.

Aber.... Undank ist der Welt Lohn.. dereinst wird es mir bei Dir genau so gehen, wie es so vielen meiner Grammophonkollegen schon ergangen ist.... auch mich wird einst bei Dir.......
der Gerichtsvollzieher holen.

Oktoberfest 1927

Laukühl säuselt schon der Herbstwind durch die Münchner Luft – es herbstelt – welch trauriges saudummes Wort – beim Frühling wäre es noch dümmer, da hieße es: frühlingelt. – – –

Um wieder auf das Oktoberfest zurückzukommen. Schon raste langsam die Zeit des beginnenden Oktoberfestanfanges herbei und die Eröffnung ließ nicht mehr lange auf sich warten. Eine große Neuheit bringt uns heuer das Fest – eine große Bude, ähnlich einem Theater mit vielen Sitzplätzen zum Sitzen und ebensolchen Stehplätzen. Statt der Bühne ist dort eine schneeweisse Leinwand aufgespannt. Auf ein Glockenzeichen wird es im Inneren der Bude dunkel, fast finster und auf dieser Leinwand erscheint ein photographisches Bild. Das Publikum ist nicht wenig erstaunt und traut kaum seinen eigenen Augen, als sich das Bild bewegt, es sind das die sog. lebenden Bilder, die heuer auf der Festwiese zu sehen sind. Einen Schnellzug sieht man zum Beispiel von weiter Ferne auf dieser Leinwand immer näher und näher kommen. Er wird immer größer und größer. Die dampfende Lokomotive kommt immer schneller gegen das Publikum heran. Das Publikum wird schon unruhig. Der Expreß scheint in den Zuschauerraum direkt hineinzufahren. – – Jetzt – !!!! – – – ein heller Schrei im Theater und – o nein! es war nur eine optische Täuschung und die ganze Aufregung zerfällt in ein schallendes Gelächter. Von der Erfindung soll heute noch nicht viel verraten sein. Die rätselhafte Wirkung soll durch einen schmalen Celluloidstreifen hervorgebracht werden, der unzählige winzige Photographien besitzt und durch eine Art Laterna magica läuft. – Der Erfinder namens Edintochter benennt seine Entdeckung Kinomatt-o! Graf –. – – – Josef Steininger aus Haidhausen erbaute heuer mit Aufwand riesiger Geldsummen ein Steckerlfisch-Krematorium vor dem Terrain der Fischer-Vroni. Nicht weniger als 200 Packeln Holzbügelkohlen à 40 Pfg. verschlingt dieser Betrieb in 14 Tagen. Mit dem Hinausfahren der 60 eisernen Spieße auf welchen die Isar-Haie aufgespießt werden, wurde vorige Woche begonnen. Die Fische werden einzeln oder gebakken verkauft –.

Auch im Zeichen der Technik ist heuer Neues vertreten und wird von den jungen Kindern mit großem Interesse begrüßt werden. Es ist eine um eine horizontal stehende drehende Achse sich mitdrehende Scheibe oder rundes Podium, auf welchem kleine geschnitzte Holzpferde befestigt sind: auf diese Holzpferdchen setzen sich die zahlenden Kinder hinauf und unter den Klängen »Ich hab mein Herz in Heidelberg verloren« fahren die Kinder ein dutzendmal im Kreise herum. Diese Karuselle hat man auf früheren Oktoberfesten und Dulten schon oft gesehen. Am Hauptsonntag nachmittag 3 Uhr findet statt dem üblichen Pferderennen ein Ameisenrennen mit Hindernissen statt. Die neue Achterbahn, auf die sich schon unzählige freuen, wird leider nach Beendigung des heurigen Oktoberfestes abgebrochen werden. Es würde zu weit führen, alle Neuig- und Altigkeiten hier aufzuführen. [...]

Der billige Jakob

Verkaufsstand mit großem Schirm.
Melodie: Ich bin eine Witwe, eine kleine Witwe.

As G'schäft geht heut flau da heraus auf der Dult. Wenn dös lang so furt geht, dann wer i no wuid. Beim billigen Jakob, da steh'ns alle rum, aber kaffa teans nix'n, bloß schaung recht saudumm? *(zeigend)* A Wetzstoa, a Sofa, a feins Briefpapier, a Goldbronz, an Huatlack, a prima Stiefelschmier, dös alles a Mark heut – wer kriagt's jetzt noamal? – *(lang warten)* – naa – so a schlechter G'schäftsgang! Dös is wirkli a Skandal!

Naa – i tua's enk glei schenka –
Dös – dös könnt's Euch denka! –
I muaß's ja aa kaffa, i hab aa mei War net g'stohl'n!
D'Leut san grad wia Affen,
Kaffa nix, nur gaffen!
's ganze G'schäft dös soll von mir aus glei der Teufi hol'n.

Naa naa, d'Leut ham wirkli gar koan Charakter mehr im Geldbeutel drin! – A so an Haufa Sach um a Markl!!!? – Wenn Euch dös aa no z'teuer is? – Ja – a Schlafzimmereinrichtung mit an goldenen Himmelbett kann i Euch net geb'n um a Markl! – Aber Leut, i kann's Euch net für Übel nehmen – alles is so teuer, jetzt geht's amal her – jetzt wer i Euch zoag'n, daß i aa was für meine Mitmenschen tua! – Paßt's auf Leut, was i Euch alles mitbracht hab! –
Kinder druckt's Euch net so her – geht's auf d'Seit'n, daß die großen Leut auch was seh'n! –
Leut schaut's her, – da hab ich das Universalwaschpulver »Fix – Fix«! Die Hausmuatta hat große Wasch dahoam, sie ziagt sich an, geht zum Kramer oder in eine Drogerie und kauft um 5 Mark a Kernsoafa, a Persil, a Wasserglas, an Borax – geht mit dem G'lump hoam, fangt's Waschen an und siehe da – die ganzen Waschmittel san viel z'wenig – hint' und vorn g'langt's net! Die Hausmuatta tuat aus der Schatull'n no amal zwei Mark 'raus

und fangt noamal 's Einkauf'n an! – Das teure Geld und die ganze Lauferei hätt' sich die Hausmutter erspart, wenn sie sich bei mir a Packl Universalwaschpulver »Fix« um eine Mark mitg'nomma hätt'. Es ist konstatiert und von Sachverständigen nachg'wiesen wor'n, daß man mit einem einzigen Packerl Universalwaschpulver »Fix-Fix« sämtliche Sacktücher vom ganzen Deutschen Reich waschen kann. Damit Sie aber nicht meinen, ich mach Ihnen da ein Larifari vor, werde ich Ihnen eine kleine Probe von der frappanten Wirkung des Universalwaschpulvers F. F. vor Augen führen. Vielleicht ist einer von den Herrschaften so freundlich und gibt mir ein recht dreckates Taschentuch *(Bekannter gibt eines her)* – dös is recht – so oans hab i woll'n. Seht's Leute, man nimmt das Taschentuch, woacht es ein, fügt dem Wasser etwas von dem Universalpulver »Fix-Fix« zu, rüppelt das Taschentuch mit zwei Fingerspitzen hin und her – und das Taschentuch ist gereinigt. – So schöna Herr, da hab'ns eahna Taschentuch wieder z'ruck.

Dös war ja nur ein kleines Beispiel, meine Herrschaften! – Sie können aber mit dem Universalpulver »Fix-Fix« nicht bloß Taschentücher, sondern alles Erdenkliche reinigen, wie z. B. die Betten, die Vorhänge, das Geschirr, den Fußboden, den Hof, das Klosett, den Keller, den Speicher usw. Wenn man in das Innere eines Menschen hineinkönnte, könnten Sie sich damit sogar Ihre schmutzige Seele reinigen. – Also greifen Sie zu, meine Herrschaften – für dieses Waschpulver »Fix-Fix«, für das Sie in jedem Bamberlgeschäft 8–10 Mark hinlegen müssen, zahlen Sie bei mir heute – sage und schreibe – den kindischen Preis von 1 Mark. Wer will's jetzt noch amal haben?? Dazu bekommen Sie noch den preisgekrönten *Familienzahnstocher* aus Aluminium=Stahl. Jahrelang haben Sie die unpraktischen Holzzahnstocher um's teure Geld gekauft – oder in einer Wirtschaft mitgehen lassen! – Das haben Sie aber alles nicht mehr nötig, wenn Sie im Besitze eines Aluminiumzahnstochers sind – denn dieser Zahnstocher ist zu gebrauchen von Mann, Weib und Kind. – Er paßt für alle Zähne – er paßt für Alt und Jung. – Er paßt für jede Speise! – Und Sie haben damit nur eine *einmalige* Ausgabe, denn dieser Aluminiumzahnstocher nützt sich im Gebrauch überhaupts niemals ab und selbst wenn er von einer zwölfköpfigen

Familie tagt täglich benützt wird. Dann hab ich aber gleich wieder was anders! – das patentierte Wunderpapier »Perplex«.

Die vielseitige Verwendbarkeit des »W. P.« ist epochemachend und hat seit kurzer Zeit die Welt in Staunen versetzt. Ich werde Euch jetzt die praktischen Vorzüge des »W. P.« darlegen, net, daß, wenn Ihr Euch das Papier kauft's und wenn's ös dahoam auspackt's, kennt Ihr Euch net aus – oder wia ma sagt, ös steht's dann da wia's Kind vorm Dreck. Nicht, daß Ihr das »W. P.« nur allein zum Schreiben verwenden könnt's, nein, das »W. P.« dient Euch auch als Hausmittel – und ebenso als Heilmittel.

Sagen wir, der Großvater dahoam tuat Holzhacken und haut sich, weil er a Rindviech ist, mit'n Hackl auf'n Finger 'nauf und 's Unglück ist ferti; die Wunde klafft, der Schmerz tut weh, der Großvater nimmt sein »W. P.«, reißt ein Stück herunter, streckt die Zunge raus, schleckt es ab und pappt es auf die Unglücksstelle – und siehe – die Wunden sind verschwunden.

Oder die Mutter hat sich beim Milchholen erkältet, sie hat einen rauhen Hals bekommen, sie nimmt das »W. P.«, macht sich davon ein paar Kügelchen, gurgelt sich damit, und in einigen Monaten ist das Leiden verschwunden. Oder sagen wir, die Tochter hat im Antlitz direkt unter der Nase einen kleinen Schönheitsfehler zu verzeichnen – ein sogenanntes Wimmerl, nicht zu verwechseln mit Wammerl, des möcht a jeder gern unter der Nase hab'n. Sie nimmt ein Stückchen »W. P.«, klebt sich dasselbe auf die betreffende Stelle, und das Wimmerl ist im Nu verdeckt.

Oder sagen wir, dem Vater ist der Hut zu groß geworden, er nimmt ein paar Blätter vom »W. P.«, rollt dieselben kunstgerecht zusammen, draht sie in den Hut hinein und der Hut sitzt wieder wie ein neuer.

Oder Sie machen einen Ausflug. Die Sonne brennt herunter, man hat keinen Sonnenschirm dabei und die Augen tun weh. Man greift in die Tasche, nimmt ein Blatt »W. P.«, macht sich einen provisorischen Augenschirm, und die Wirkung der Sonnenstrahlen ist gebrochen und ist zugleich auch das Auftauchen von Sommersprossen aus der Welt geschafft.

Oder Sie sind gezwungen, mittags um 11 Uhr über den Marienplatz zu gehen, Sie machen sich aus dem »W. P.« zwei Papierstopseln – stecken den einen rechts, den andern in's linke Ohr – und Sie hören das Glockenspiel am Rathausturm nicht.

Oder bei naßkalter Witterung ist ein Katarrh unausbleiblich. Das Taschentuch ist patschnaß überfüllt – man hat sein »W.P.« in der Tasche – dreht sich einige Pfropfen – und verstopft sich damit die tröpfelnden Nasenlöcher. – *(Schutzmann kommt.)* – Ein anderer hat eine böse Schwiegermutter zuhause, die schimpft den ganzen Tag, die schimpft die ganze Nacht. – Er weiß sich nicht mehr zu helfen, er kennt sich nicht mehr aus – er nimmt das Wunderpapier »Perplex«, macht davon einen Knaul, stopft ihn der bösen Schwiegermutter ins Maul – die kann nichts mehr sagen! – weil's nicht mehr reden kann!!! – Ah – der Herr Schutzmann kommt – also nehmen S'Ihnen nur gleich was mit – Ihre Frau hat die größte Freud damit. […]

Eine neue Entdeckung für solche, die gerne fliegen wollen und sich nicht fliegen trauen

Wer ist schon mit einem Aeroplan geflogen? Karl Valentin hat per Zufall eine Entdeckung gemacht. – Er kaufte sich bei einem Tändler einen grossen Wandspiegel 1 Meter 50 lang und 70 breit; nahm sich gleich eine offene Aut[o]droschke und legte den Spiegel wa[a]grecht in das Auto und zwar so, dass der Spiegel gegen den Himmel gerichtet war. Unterm Fahren schaute er in den Spiegel hinein und er hatte genau die optische Täuschung, als ob er in einem Flugzeug hoch in den Lüften schweben würde.

Technischer Fortschritt, Veränderungen

Gespräch über eine Grossschweisserei

VALENTIN: Ja, Herr Direktor, ich habe schon immer grosses Interesse an technischen Errungenschaften – besonders in der Metallverarbeitung haben sich die letzten Jahrzehnte ganz neue Methoden breitgemacht, besonders in der Eisenbranche.

INGENIEUR: Ja, das kann man wohl sagen, einen bedeutenden Fortschritt haben wir da beim Schweissen zu verzeichnen.

VALENTIN: Bei dem Schweissen?

INGENIEUR: Jawohl – man kannte früher nur ein Zusammenschmieden von 2 Eisenteilen; man machte zum Beispiel 2 Eisenstangen an den Enden glühend, legte die Enden aufeinander und hämmerte sie so lange bis die 2 Teile ein Stück bildeten, dann wurde die Stelle mit kaltem Wasser überschüttet, abgekühlt und so wurde aus den 2 Teilen ein ganzes Stück.

VALENTIN: Ganz richtig – das nannte man früher schmieden.

INGENIEUR: Ja, es war das eine schwierige Arbeit und erforderte mindestens fünfmal so viel Arbeitszeit als das Zusammenschweissen.

VALENTIN: Die Schweisserei geht aber nach meiner Ansicht schon weit zurück, ich nehme an auf Urzeiten, denn schon im Paradies soll Gott zu Adam und Eva gesagt haben: im Schweisse Eures Angesichts sollt ihr Euer Brot essen, und so weiter.

INGENIEUR: Nein, dieser Schweiss hat mit der Schweisserei nichts gemein.

VALENTIN: Schweissen ist aber doch abgeleitet von Schweiss, zum Beispiel: Schweiss – ich schweisse – ich habe geschweisst – ich werde schweissen –.

INGENIEUR: Das ist aber kein technischer Schweiss.

VALENTIN: Aber zu Schiller's Zeiten kannte man doch noch keine technische Schweisserei und doch spricht Friedrich von Schiller in seinem Lied von der Glocke: Von der Stirne heiss / rinnen muss der Schweiss.

INGENIEUR: Sicher, aber da meinte Schiller nicht den technischen Schweiss, sondern den menschlichen Schweiss, die Transpiration; der technische Schweiss entwickelt sich aus der Hitze.

VALENTIN: Natürlich, das ist ganz klar; der Jüngling nimmt das Mädchen um die Taille und tanzt mit demselben, sagen wir ununterbrochen eine Viertelstunde, noch dazu in einem überhitzten Tanzlokal, und nach dem Tanz dringt den beiden von dem langen Tanzen der Schweiss aus den Poren. Das Ganze ist also auch eine Schweisserei.

INGENIEUR: Ganz richtig, aber dieser Vorgang wird durch Erhitzung erzeugt.

VALENTIN: Aber die Schweisserei, bei welcher 2 Metallteile zusammengefügt werden, erfordert doch auch Hitze.

INGENIEUR: Und ob, mindestens 3000 Grad.

VALENTIN: 3000 Grad? So eine Hitze werden 2 Tanzende noch nie erreicht haben.

INGENIEUR: Das ist etwas anderes; die sollen ja auch nicht für immer zusammengeschweisst bleiben. Bei der Ehe wäre ja das zu begrüssen.

VALENTIN: Aha, für die Ehe wäre das sehr vorteilhaft – aber wir kommen da von dem eigentlichen Schweissen ganz ab.

INGENIEUR: Richtig, Schweissen ist eine Kunst. Wir haben in unserer Fabrik 6 Schweisser, 3 junge und 3 alte Schweisser.

VALENTIN: Die alten Schweisser schweissen wahrscheinlich schneller, als die jungen Schweisser?

INGENIEUR: Natürlich, Uebung macht den Meister.

VALENTIN: Das sind also sozusagen Meisterschweisser. Haben Sie auch in Ihrem Betrieb Schweisserlehrlinge?

INGENIEUR: Lehrlinge nicht, denn die Schweisserei ist zu gefährlich. Die jüngeren Arbeiter werden nur zum Schneideschweissen verwendet.

VALENTIN: Was ist Schneideschweissen?

INGENIEUR: Schweissen und Schneiden ist zweierlei, zum Schneiden von Metall wird ein Schweissschneidebrenner verwendet, derselbe ist speziell dafür konstruiert und schneidet das Eisen durch wie eine Säge: er trennt also 2 Eisen voneinander, während der Schweissbrenner zwei Eisenstücke zusammenschweisst.

VALENTIN: Dann könnte man also von einer Schweissschneiderei sprechen.

INGENIEUR: Ein geübter Schweissschneidemeister ist die Hauptsache bei einer Schweisserei. Wir haben eigene Räume zum Schweissen, die natürlich gut ventiliert sein müssen, denn die Luft in diesen Räumen wird durch das Schweissen stark beeinträchtigt, weil durch die viele Schweisserei übelriechende Gase erzeugt werden.

VALENTIN: Noch eine Frage, Herr Ingenieur, wäre es auch richtig, wenn man sagen würde, der Schweisser hat geschwissen, statt geschweisst?

INGENIEUR: Eigentlich nicht.

VALENTIN: Das finde ich auch, denn man sagt ja auch nicht der Jäger hat auf den Rehbock geschiessen, – sondern geschossen, denn da könnte man ja auch sagen, der Schweisser hat das Eisen zusammengeschwossen –. Jedenfalls danke ich Ihnen, Herr Schweissingenieur, für Ihre interessanten Schweissereierläuterungen. Es war wirklich sehr interessant, aber noch interessanter war das, dass wir zwei uns bei dem Thema Schweisserei nicht einmal versprochen haben.

Traktor und Pferd

PFERD: *(spricht zum Traktor)* Du bist zwar eine moderne technische Erfindung aus Stahl und Eisen, hast auch eine Bärenkraft, das gebe ich alles zu, mein lieber Traktor, aber – ob Ihr Traktoren den Menschen so viele Tausende von Jahren bei der Feldarbeit behilflich seid wie wir Pferde, das ist eine Frage der Zeit.

TRAKTOR: Stimmt! – Ich bin gegen Euch Pferde blutjung und die Hälfte so klein, aber – dreissig Mal so stark wie Du – Du hast nur eine Pferdestärke, also ein P. S. – ich aber habe 30 P. S.

PFERD: Das stimmt auch, das kommt aber nur von Deiner ekligen Benzinsauferei her, – wenn Du nur Haber und Heu fressen würdest wie wir Pferde, dann könntest Du Deinen eigenen, ca. 60 Zentner schweren Körper nicht einmal fortbewegen.

TRAKTOR: Das ist eben Geschmackssache. Mit Deiner Nahrung könnte ich nicht existieren, denn das Heu allein schon würde meine feinen Benzindüsen verstopfen.

PFERD: Um eines bin ich Euch Traktoren neidig und das ist Eure Gefühllosigkeit. – Was müssen wir armen Pferde oft leiden durch Hitze und Kälte und im Sommer durch die lästigen Insekten – und manchmal, wenn es mit einem schwer beladenen Wagen bergaufwärts geht, da bekommen wir oft von rohen Pferdeknechten Peitschenhiebe zum Gotterbarmen.

TRAKTOR: Ha – ha – ha. Für Schläge sind wir Maschinen imun, – dann haben wir noch einen Vorteil – wir sind stubenrein – garagenrein – strassenrein.

PFERD: Wie meinst Du das, lieber Traktor?

TRAKTOR: Na – wo Ihr geht und steht, kollern Euch manchmal die sogenannten Pferde-Aepfel herunter.

PFERD: Das ist aber ein ungerechter Vorwurf von Dir – wir Tiere sind selbst tierliebend und die Spatzen oder Sperlinge, diese armen Vögel, ernähren wir Pferde von unserm Abfall.

TRAKTOR: Soviel ich weiss, sind Spatzen keine armen Vögel, sondern ein Gesindel, welches den Bauern viel Schaden zufügt auf Flur und Feld – und dieses Gesindel unterstützt Ihr sogar.

PFERD: Das sind ungerechte Beleidigungen gegen die Natur –

aber noch eines: Betrachte einmal, wenn Du an einem schönen Sommertage auf der Landstrasse daher kommst, die vielen Spaziergänger, wie sie sich alle die Nasen zuhalten, wenn Du daherkommst.

TRAKTOR: Kunststück! – – Das ausgepustete Benzin stinkt, daran ist nichts zu ändern – die Menschen saufen kein Benzin, die saufen Bier und Wein und Sekt, fressen gute Sachen und..... Schwamm drüber.

PFERD: Was ich noch sagen wollte – es gibt ja nicht nur gewöhnliche Arbeitspferde – wie ich eines bin – es gibt auch Luxuspferde –. Geh einmal in einen Zirkus, da kannst Du das Edle von einem Pferd bewundern. Lasse einmal in einem Zirkus statt sechs edlen Vollbluthengsten sechs stinkige Traktoren in die Manege hereinkommen, wie da das Publikum Reissaus nehmen würde.

TRAKTOR: Ihr Pferde habt von jeher schon den Grössenwahn unter den Tieren, nur weil irgend ein Mensch einmal gesagt haben soll: »Das edelste Tier ist das Pferd«.

PFERD: Und Ihr Traktoren – Ihr habt den Technikfimmel – und wenn Ihr alt werdet und Eure Maschinerie, Eure Kolben und Zahnräder sind ausgeleiert, dann wirft man Euch unter das alte Eisen – – aber wir Pferde wenn alt und schwach werden, wir kommen dann noch zum Pferdemetzger oder in den Zoologischen Garten, werden also von Menschen und Tieren noch gefressen.

TRAKTOR: Wir werden auch gefressen, wenn wir alt sind.

PFERD: Ha! – Ha! – Ha! – Ihr seid doch aus Stahl und Eisen; Euch kann doch niemand fressen!

TRAKTOR: Doch – Wir werden auch gefressen.

PFERD: Von wem?

TRAKTOR: Vom Rost!

Funk-Reportage

ANSAGER: Hier ist Radio München – angeschlossen der Sender Nürnberg. Liebe Hörer und Hörerinnen! Wir bringen Ihnen heute eine Funkreportage über eine Grubenentleerung. Wir haben einen dieser Leute zu uns ins Funkhaus kommen lassen und bitten ihn nun uns diesen technischen Vorgang zu demonstrieren.

ANSAGER *im Zwiegespräch*: Sie sind also nicht der Direktor der Grubenentleerungsanstalt, sondern der technische Leiter, nicht wahr?

ARBEITER: Na! I bin bloss angestellt.

ANSAGER: Aha! Sie sind ein Angestellter der Grubenentleerungsanstalt. Jawohl. – Unsere Hörer interessiert es nämlich brennend, wie so eine Grubenentleerung vor sich geht.

ARBEITER: Ja mei, – erklär'n ko i dös eigentli net; – wenn halt a Grub'n voll is' dann telefoniert der Hausbesitzer an unser Büro, dass de Gruam g'ramt wer'n muass, weil's voll is'.

ANSAGER: Sehr interessant! – Dann haben Sie also von ihrem Chef den Auftrag, mit der Dampfmaschine und einigen Fässern die betreffende Grube zu entleeren.

ARBEITER: Ja ja, entleeren. Mir sag'n halt »ramma«.

ANSAGER: »Ramma« – also räumen sozusagen – auspumpen, nicht wahr. Und wie geht das *technisch* vor sich?

ARBEITER: Ja mei, a schöne Arbeit is' des net.

ANSAGER: Das kann man sich denken! – Aber... es muss eben auch sein.

ARBEITER: Freili muass des sei'! Was meinen Sie, wenn die Gruben nie gramt werden würden... da tat'n ja alle überlauf'n. A so a Gruam is' alle 3 Monat voll – besonders in einem vierstöckigen Haus wo viele Parteien wohnen.

ANSAGER: Ja, aber soviel ich weiss, ist in den meisten Häusern Schwemmkanalisation und da gibt es keine Grubenentleerung, weil die Fekalien durch die Schwemmanlage fortgespült werden.

ARBEITER: In da Stadt drin' schon, aber ausserhalb München's gibt's no viele Häuser wo gramt wern muass. Dös mach i jetzt a scho 25 Jahr.

ANSAGER: Dann können Sie als bald Ihr 25jähriges Ramajubiläum feiern.

ARBEITER: Jawohl.

ANSAGER: Und wie sind Sie zu diesem Beruf gekommen? Es heisst doch, zu jedem Beruf muss man eine besondere Liebe haben?

ARBEITER: No... Liebe... kann ma eigentlich net sag'n. Jeder kann's net mach'n – z'weg'n dem Gruch. – Ich bin ja dagegen schon imun.

ANSAGER: Ach! Sehr interessant! – Haben Sie in ihrem Beruf auch mit Misständen zu rechnen?

ARBEITER: Jawohl. – Manchmal kommt's vor dass sich der Schlauch verstopft.

ANSAGER: Wie ist das möglich?

ARBEITER: Ja mei.... wenn a Packpapierpfropfen nei kommt in Schlauch; den reisst's net durch.

ANSAGER: Packpapier? Wie kommt denn Packpapier in den Schlauch?

ARBEITER: Mei... die Leut' nehmen heut' alles her. Vorschrift ist eigentlich weiches Zeitungspapier.

ANSAGER: Dieser Misstand ist natürlich auch auf den gegenwärtigen Papiermangel zurückzuführen. Tja. – Wo werden denn die Fässer – die vollen Fässer – ausgeleert? Das wird unsere Hörer sicher auch interessieren.

ARBEITER: Die Fässer werden auf irgend einer Wiese ausgeleert. An dem Platz wachst das Gras a Jahr drauf an viertelmeter hoch.

ANSAGER: Das ist klar! Das ist ja der beste Dünger, den sich der Landwirt wünschen kann.

ARBEITER: Vor dem Krieg hab'n mir g'nua Dünger g'habt.

ANSAGER: Wie kommt das, dass wir jetzt weniger Dünger haben?

ARBEITER: Ja mei, dös hängt auch mit der Nahrungsmittelknappheit zamm.

ANSAGER: Mit der Nahrungsmittelknappheit? Wie meinen Sie das?

ARBEITER: Dös is' doch sehr einfach: Vor dem Krieg hab'n wir so a Versitzgrub'n im Jahr dreimal gramt – jetzt höchstens 1mal im Jahr [.]

ANSAGER: Glaub'n Sie, dass die Zeit wieder kommt, wo Sie die Grub'n wieder öfters räumen müssen?

ARBEITER: Sicher! Wenn uns das Ausland dös wirklich schickt, was in der Zeitung steht, dann könnt'n mia die Gruam mindestens 10mal ramma.

ANSAGER: Sehr interessant! Und nun danke ich Ihnen für die aufschlussreichen Auskünfte und wünsche Ihnen – und uns – dass Sie die Gruben jährlich 10mal räumen können. – Auf Wiedersehn!

Technisches Wunder

Arche Noah

In Meyers Konversationslexikon, Band A, Seite 703 – (Schilderung der Arche Noah) –. Ein Mennonit, namens Peter Jansen, in Hoorn (Holland) liess im Jahre 1609 eine, nach der überlieferten Darstellung der Biblischen Geschichte gebaute Arche von Stapel laufen, und Silberschlag suchte den mathematischen Beweis zu führen, dass die Arche Noah zur Aufnahme aller ihrer Bewohner, nebst der nötigen Nahrung usw. geeignet gewesen wäre.

Dieser Zweifel kostete diesem Holländer eine eminente Summe Geld. Hätte dieser Mann sich vor diesem teuren historischen Experiment mit einem Zoologen oder, noch besser, mit dem Besitzer eines zoologischen Gartens in Verbindung gesetzt, so würden diese Herren dem Herrn Jansen von diesem Experiment entschieden *abgeraten* haben.

Ohne den Wundern, Legenden, Fabeln usw. ihre Berechtigung zu nehmen, möchte doch jeder denkende Mensch in Sache der Arche Noah einmal das Technische erklärt wissen, ob es denn möglich war, etwa eine Million Tierarten, von jeder ein Paar (männlich und weiblich), also zusammen zwei Millionen Tiere in einem Schiff unterzubringen, welches 220 Tage, also sieben Monate auf dem Meere geschwommen ist. Nach wissenschaftlichem Standpunkt existieren tatsächlich auf der Erde etwa eine Million Tierarten (ohne die Fische). Wie gross die Arche Noah war, hierüber gibt die biblische Geschichte im Alten Testament Auskunft – denn es steht geschrieben: Gott sprach zu Noah »Baue Dir eine Arche aus Holz! Mache verschiedene Kammern darein und bestreiche sie innen und aussen mit Pech! Dreihundert Ellen soll sie lang sein (eine Elle war damals 75 cm), fünfzig breit und dreissig hoch. Oben mache ein Fenster in die Arche und mitten in die Seite eine Tür. Denn sieh, ich will eine grosse Wasserflut hereinbrechen lassen über die ganze Erde. Alles, was Leben und Odem hat unter dem Himmel, soll umkommen. Mit Dir aber will ich einen Freundschaftsbund schliessen. Du sollst in die Arche gehen mit Deinen

Söhnen, mit Deinem Weibe und mit den Weibern Deiner Söhne. Von *jeder* Art der Tiere, – von den vierfüssigen, den Vögeln und allen anderen Tieren, nimm ein Paar mit in die Arche, dass sie am Leben bleiben! Auch Speisen aller Art nimm mit, Dir und ihnen zur Nahrung!«

Und Noah tat, wie ihm Gott befohlen, und baute dieses grosse Holzschiff. Dann regnete es 40 Tage und 40 Nächte – das Wasser wuchs und hob die Arche empor und dieselbe schwamm nun auf dem Gewässer einher. 220 Tage (etwa sieben Monate) war Noah mit allen Tieren in der Arche, dann liess Noah die bekannte Taube fliegen, die einen Ölzweig brachte. Die Sintflut nahm ihr Ende und Noah entstieg der Arche mit seiner Familie. Auch alle Tiere – Vieh – Vögel und Gewürm kamen wieder auf das trockene Land.

Genau wie dem Holländer Mennoniten Jansen gab auch mir diese Arche Noah, wie vielleicht auch schon vielen anderen, Zweifel darüber, denn es ist mir unerklärlich, wie so etwas möglich gewesen sein soll, denn wenn der Noah die Tiere, die es vor der Sintflut auf der Welt gegeben hat, in die Arche Noah verladen hat, dann muss er doch zuerst alle diese Tiere eingefangen haben. Der Instinkt, den jedes Tier nachweislich besitzt, kann doch nicht so gross gewesen sein, dass diese selbst zur Arche Noah herbeiströmten. Wie lange hätte denn das gedauert, man denke hier nur an den Regenwurm oder an eine Schnecke. Eine Schnecke kann nicht strömen, nur kriechen. Bei Schwalben und Möwen, die alljährlich von einem Erdteil zum anderen fliegen, ist mir das glaubhaft. Trotz des Instinktes wäre ein blödes Kalb oder eine dumme Gans nie von selbst zur Einschiffung in die Arche gekommen.

Also muss der Noah mit seiner Familie auf der ganzen Welt die Tiere zusammengefangen haben, und zwar von den vorsintflutlichen Riesensaurussen, von denen einer fünfmal grösser war als der grösste Elefant der Urzeit bis hinunter zum kleinsten Tier, dem Floh. Von den Tieren, die noch kleiner sind als die Flöhe, die man nur unter dem Mikroskop wahrnehmen kann – aber auch Tiere sind –, soll hier gar nicht die Rede sein. Ich habe das Bild vor mir liegen aus der Biblischen Geschichte, von der Einschiffung, wie die Tiere paarweise über die Landungsbrücke schreiten. Wie stark muss dieses Holzbrett gewesen sein, wenn über dasselbe ein Paar Saurusse – ein Paar Elefanten – ein Paar Walrösser – ein Paar Nilpferde usw. gegangen sind. All die vielen großen und kleinen Vögel sind wahrscheinlich zur Archentüre hineingeflogen und nicht zu Fuss gegangen. Ich erinnere mich an einen alten Witz über die Arche Noah: »Da sprach der Elefant zum Floh – drück doch nicht so.«

Das schwierigste aber von allem muß doch für den Noah die Erkenntnis und Feststellung des Geschlechtes aller dieser Tiere gewesen sein, von jeder Gattung ein Paar, also Männchen und Weibchen. Die Fische blieben von der Sintflut verschont. Diese konnten nicht ersaufen, weil dieselben nur im Wasser existieren können, die mussten wahrscheinlich nach der Sintflut daran glauben, als sie auf dem Trockenen lagen. Die wildesten Bestien sind bekanntlich die schwarzen Panther, von diesen ein Paar einzufangen, bei diesem Gedanken läuft es selbst einem Tierwärter eines zoologischen Gartens eiskalt über den Rücken, aber Noah hat es anscheinend doch fertig gebracht. Bei der Einschiffung aller Tiere musste nun darauf geachtet werden, dass nicht z. B. hinter den Schnecken zwei Renntiere kamen, denn erstere kriechen ganz langsam und letztere rennen.

Nun steht man wieder vor einem neuen Rätsel: Wie viele Käfige mussten in der Arche bereit gewesen sein, um diese eine Million Tierarten unterzubringen? Jedes Paar Tiere musste doch seinen eigenen Käfig haben. Abgesehen von den fast unzählichen riesengrossen Käfigen der Elefanten – Giraffen – Saurusse – und winzigkleine[n] Käfigen z. B. der zwei Ameisen, musste doch Noah auf die Verpflegung der Tiere auch noch gefasst sein. Ein Elefant frisst täglich einen halben Zentner Heu – ein Paar Elefanten also einen Zentner. 220 Tage, also über ein halbes Jahr waren die Tiere in der Arche, also musste der Noah allein schon für die zwei Elefanten 220 Zentner Heu mitnehmen. Ein vorsintflutlicher Saurus soll fünfmal so viel gefressen haben wie ein Elefant, mir scheint, der Noah hätte mindestens noch zehn Archen in der gleichen Grösse bloss für Futter mitnehmen müssen. Dann kommt noch dazu, dass jede Tiergattung eine andere Nahrung zu sich nimmt, das Rhinozeros frisst jedenfalls etwas anderes als ein Papagei. Der Floh z. B. lebt nur von Menschenblut. Um die zwei Flöhe zu ernähren, hätte der Noah im Flohkäfig schlafen müssen. Der Storch lebt nur von Fröschen. Täglich frisst ein Storch, laut Erkundigung, etwa 20 Frösche. Zwei Störche fressen 40 Frösche, 220mal 40 Frösche sind 8800 Frösche. 8800 Frösche mussten also auch mitgenommen werden zur Fütterung der zwei Störche. Nun frisst aber ein Frosch mindestens täglich hundert Fliegen, zwei Frösche, also ein Paar, fressen 200 Fliegen. 220 Tage waren die Frösche in der Arche, sie benötigten also 220mal 200 Fliegen = 44000 Fliegen, die der Noah vor der Einschiffung fangen musste. 44000 Fliegen brauchen aber in 220 Tagen auch täglich ihre Nahrung, mit Ausnahme der zwei Eintagsfliegen, die nur 1 Tag Nahrung benötigen, weil sie nur einen Tag leben.

Die vielen Tiere mussten aber, ausser den Schlangen, täglich zweimal gefüttert werden. In einem grossen zoologischen Garten sind mindestens 30 Angestellte für etwa 1000 Tiere ständig beschäftigt. Die zwei Millionen Tiere in der Arche musste aber nur die Familie Noah betreuen. Dazu hatte die Frau Noah noch ihre Hausarbeit zu verrichten, musste kochen, flicken, putzen usw. Wie mussten erst die Nerven der Familie Noah beschaffen gewesen sein, wenn sie dieses Gebrüll, Geschreih, Gewieher, Geschnatter, Gezische, Geheul, Geblöke, Gekreisch, Gezwitzscher, Gefauche, Gebell, Geknurr und Gemecker (damals wurde also auch schon gemeckert) 220 Tage lang anzuhören hatte. Ausser der Fütterung mussten doch auch die zehnmal hunderttausend Käfige gesäubert werden. Von dem Quantum dieser Abfälle kann man sich einen Begriff machen, wenn man bedenkt, dass, wie schon erwähnt, ein vorsintflutlicher Riesensaurus täglich fünf Zentner Heu gefressen hat. Zu all dem musste der Noah an die richtige Placierung der Käfige und Tiere gedacht haben. Hätte er z. B. alle kleinen und leichten Tiere auf die eine Seite placiert und auf die andere die grossen und schweren Tiere, wäre die Arche sicher umgekippt.

Nun kommt das Hauptkapitel in dieser Richtung, dass sich ein Teil dieser Tiere im Zeitraum eines halben Jahres ganz gewaltig fortpflanzt, man denke hier nur an Ratten und Mäuse. Aber Noah durfte ja doch nur *ein* Paar von jeder Gattung in der

Arche halten. Ein weiteres Problem war die Beleuchtung im Inner[n] dieses Schiffes, man überlege sich, dass sich doch in diesem Riesenschiff nur ein Fenster befand. Also muss es doch fast stockfinster gewesen sein, denn dass es früher noch kein elektrisches Licht gab, wissen wir. Da es damals nur offenes Feuer zur Beleuchtung gegeben hat, war das eine sehr feuergefährliche Angelegenheit, man denke an die hunderttausend Zentner von Heu und Stroh. Dann die Luft in diesem Riesenschiff, die diese zwei Millionen Tiere verbreiteten. Ein Beispiel: Ich besuchte einmal die Tierschau eines Zirkusses. Die ganze Schau bestand aus ca. 50 Tieren. Trotz moderner Entlüftungsanlage, Ventilatoren, Exhaustoren, war die Luft in dieser Raubtierhalle so beissend, dass mir nach einer Viertelstunde die Augen tränten.

Als nun alle Tiere in der Arche Noah untergebracht waren, wurde die Arche geschlossen. Sie schwamm nun 220 Tage auf dem Wasser. Als die Arche wieder auf trockenem Boden stand, verliessen die Tiere das Schiff und zogen wieder lustig in die Welt hinaus.

Es gäbe noch viele Punkte, die die Unterbringung dieser Riesenmassen von Tieren in diesem Schiff, Arche Noah genannt, als unmöglich erscheinen lassen. Nur das Buch »Die Bayrische Bibel«, welches man in jedem Buchverlag zu kaufen bekommt, in welchem das ganze Alte Testament in humoristischer Aufmachung geschildert ist und in einer Illustration sogar den Vater Noah mit Fernrohr und Regenschirm auf der schwimmenden Arche zeigt, gab mir den Anlass, meine Nachgrübelei denkenden Menschen zu übermitteln, ohne mich irgendeinem Spott zu nähern. Gedanken sind zollfrei – auch bei Kindern, denn der kleine achtjährige Maxl wollte es z. B. nicht glauben, dass der Storch die kleinen Kinder bringt, und deshalb fragte er eines Tages seine Mutter, ganz nachdenklich gestimmt, ob denn der Storch mit seinem spitzigen Schnabel den Kindern nicht wehe tut, das wäre doch eher eine Arbeit für ein Känguruh, denn das könnte doch in seinem Tragsäckchen die Kinder viel sicherer und behutsamer zur Mutter bringen. Mit dieser Nachgrübelei war der kleine Maxl der Wahrheit schon etwas näher gerückt. Wenn schon

Kinder über manches, was ihnen nicht erklärlich ist, nachsinnen – kann man es dann Erwachsenen übelnehmen?

Motto: Es wundert einen heutzutage, wenn sich jemand über Wunder von damals nicht wundert.

Katastrophen, Chaos, Gewalt

Hochwasser

Heute nachmittag 3.30 Uhr sind genau 800 Jahre verflossen seit Bestehen unserer Isar. Das Isarbett selbst wurde erbaut von Herzog Jakob dem Wäßrigen. Seine Gemahlin, die spätere Kronprinzessin Cenzi von Harlaching, der frühere Kurprinz Maximilian der Wamperte, Großherzog von Kleinhesselohe, war bei der Isarenthüllung zugegen. Es war ein feierlicher Akt, ein historisches Jubiläum, als die ganze Münchener Bürgerschaft, der Stadtmagistrat samt den Stadtvätern auf der Fraunhoferbrücke standen und jeden Moment auf die ersten Isarwellen warteten. – Auf der damaligen Praterinsel standen schon Böller salutbereit, die kleinen Häuser und Herbergen waren schon den ganzen Tag illuminiert in den Münchener Stadtfarben und Tausende gelb und schwarze Flämmchen leuchteten in den sonnigen Tag hinein.

Punkt 4 Uhr sollte der grüne Fluß eintreffen, aber es wurde später und später, und kein Tropfen Isar war zu sehen. Es wurden sofort Extrablätter verteilt mit der Inschrift: »Isar noch nicht eingetroffen, eine Stunde Verspätung!«

Große Bestürzung unter der Bevölkerung, aber das Volksgemurmel wurde durch ein eigenartiges, unleises Rauschen unterbrochen – ein kurzes Horchen der Menge, und aus tausend Kehlen schallt es durch die Auen: die Isar kommt, die Isar kommt, die Isar ist schon da. Vom Frauenturm herab (der allerdings erst später erbaut wurde) hielt Bürgermeister A. Bcdef eine Ansprache, welche durch das damalige trübe Wetter für die Allgemeinheit sehr schwer verständlich war; nur der Turmwächter, welcher die Rede mitstenographierte, konnte dieselbe der Nachwelt überliefern. Die Ansprache lautete:

»Willkommen, edler Gebirgsfluß, willkommen in deiner Heimat, in der Haupt- und Residenzstadt München. Endlich haben deine Wogen unsere Stadt berührt, und wir alle freuen uns, des großen Nutzens und Schadens wegen, den wir durch dich bekommen. Du wirst in Zukunft unsere Windmühlen treiben, du gibst uns einen großartigen Aufenthaltsort für unsere armen Fische, wir können in dir baden. Geheimrat Pettenkofer wird dir etwas Gruseliges (nämlich die Fortschwemmung der Fäkalien) anvertrauen. – Liebe Mitbürger, wir können nicht umhin, uns selbst den herzlichsten Dank auszusprechen, denn gerade ich und wir waren es, welche uns am meisten ins Zeug gelegt hatten zur Errichtung einer Isar in der Stadt München. – Aber noch wer ist uns beigestanden bei unserer harten Arbeit: nämlich der da oben (deutet vom Frauenturm noch höher hinauf), er hatte uns das nasse Element, allerdings in etwas knapper Anzahl, zur Verfügung gestellt; alles in allem, ich ersuche sämtliche Anwesende möchten sich von ihren Sitzen erheben und möchten mit mir in den Ruf einstimmen: »Die schöne grüne Isar, sie lebe hoch!« *(Böller)* »Hoch!« *(Böller)* »Hoch!« *(Böller)*.

Aber Gott läßt seiner nicht spotten, nach dem letzten »Hoch!« stieg der Pegel auf 1 – 2 – 3 – 4 – 5 – und gar 6 Meter, die gutmütige grüne Isar schäumte gelb vor Wut, die haushohen Wellen waren mindestens 1 – 2 Meter hoch, die am Ufer stehenden Menschen flohen in die Stadt – ins Hofbräuhaus –, welches bald überfüllt war, der Rest zog traurig von dannen, – in die Kirche.

Mittlerweile wimmerte auf den Kirchtürmen der Stadt die Sturmglocke und verkündete Unheil – die Hunde heulten, der Wind ebenfalls, die furchtsamen Weiber auch ebenfalls, die Kinder gingen nicht in die Schule, der Bäcker backte, die Kinos wurden geschlossen und die Schweine grunzten, aber das Hochwasser stieg trotzdem immer tiefer. Eine allgemeine Angst überfiel jeden, die Stadtväter traten mit gerunzelter Stirn zusammen, um Sicherheitsmaßregeln auszudenken, aber bei ihnen war alles Denken umsonst. 100 Silbertaler demjenigen als Belohnung zu geben, der das Hochwasser zum Sinken brächte. Verschiedene Vorschläge von Mitbürgern sind gemacht worden:

1. Sofortige Tiefergrabung des Flußbettes.

2. Der Vorschlag, eine Arche Noah zu bauen, wurde des alten Systems wegen verworfen.

3. Ein Bittgang zum hl. Nepomuk war zu spät, da das Hochwasser bereits zu groß geworden war.

4. Ein Spaßvogel meinte, das Überwasser abzuschöpfen, aber wohin? Aber dem einen Vorschlag: »abwarten«, bis das Hochwasser selbst aufhört, wurde allgemein zugestimmt, da das auch kostenlos wäre.

Und einige Tage später war aus dem Hochwasser ein Nieder-wasser geworden, es wurde noch öfters Hochwasser, 1899 wurde es gleich so hoch, trat wieder aus den Ufern heraus, riß alle modernen Eisenbetonbauten um, die unmodernen alten Holzbrücken blieben stehen. Da wurde es den technischen Was-serbaumenschen einmal zu dumm, und sie sprachen: »Entweder – oder!«

Sie bauten Kaimauern in München und zwar so hoch, daß die Isar niemals mehr über die Ufer fließen kann, und die Geschichte war für immer erledigt.

Und die Herren Ingenieure und Architekten machten sich lu-stig über Schillers Worte: »Denn die Elemente hassen das Gebild von Menschenhand!« und auch mit Recht, denn sie allein wissen es ja bestimmt, wie hoch die Isar in Zukunft werden kann!

NB. Nebenbemerkung der Münchener Bevölkerung:

»Wir wollen nichts vom Wasser wissen!

O flösse Bier im Isarbett!«

Punkt.

Jm Schallplattenladen

PERSONEN:
Ein Kunde: Karl Valentin
Eine Verkäuferin: Käthe Schürzinger
Deren Mann: Josef Rankl.

(Vorhang geht auf, auf der Bühne stehen die Verkäuferin und deren Mann und beschäftigen sich.)

VALENTIN: *(tritt auf)* Guten Tag! Jch krieg eine Schachtel III. Sorte.

VERKÄUFER: Ja bei uns gibt es keine Zigaretten zu verkaufen.

VALENTIN: Was gibts denn dann?

VERKÄUFER: Bei uns gibt es nur Schallplatten und Gramaphone.

VALENTIN: So? Dann geb'ns mir halt ein' Gramaphon!

VERKÄUFERIN: Nun, dann schauens Jhnen den da mal an, das ist ein sehr schöner Apparat.

VALENTIN: Aber der ist ja kaputt, der hat ja ein Loch! *(deutet auf die Schallöffnung)* Und dann möcht ich einen, der da vorne einen Reissverschluss hat.

VERKÄUFERIN: Einen Reissverschluss gibt es doch an einem Apparat nicht!

VALENTIN: So ein Apparat ist aber recht unpraktisch. Wenn man da den Finger hintut und fällt der Deckel zu, dann kann man sich leicht einzwicken.

VERKÄUFERIN: Ja da muss man halt Obacht geben.

VALENTIN: Wenn man aber nicht Obacht gibt? Und dann sticht man sich auch sehr leicht an dem Stachel da! Hättens nicht einen solchen mit einem Trichter?

VERKÄUFER: Nein, mit Trichter gibt es keinen Apparat mehr. Die sind ja unmodern.

VALENTIN: Aber grad so einen möcht ich haben.

VERKÄUFERIN: Ja warum denn?

VALENTIN: Wissens, ich hab nämlich noch eine ganze Flasche Sidol zu Haus und die möcht ich aufbrauchen.

VERKÄUFERIN: Nun, da werden Sie doch einen anderen Zweck dafür finden.

VALENTIN: Ja freilich, ich hab so Schnallen z'haus.

VERKÄUFER: Wie meinen Sie? Was für Schnallen?

VALENTIN: So Türschnallen halt!

VERKÄUFER: Ach so!

VERKÄUFERIN: Also wie steht es mit dem Gramola da? Der wäre sehr billig und gar nicht teuer.

VALENTIN: Also unteuer! Was kostet denn der?

VERKÄUFER: Wir könnten Jhnen den Apparat sehr preiswert überlassen. Jch mache Jhnen ein günstiges Angebot. Sie bekommen den Apparat zum Preise von Mk. 85.– Also sehr billig! Und dabei verdienen wir an diesem Apparat nur 5.– Mark, denn der kostet uns selbst im Einkaufspreis 80.– Mark.

VERKÄUFERIN: Du Josef! Der Apparat hat uns aber nur 30.– – Mark gekostet.

VERKÄUFER: Aber nein! Der doch nicht!

VERKÄUFERIN: Du irrst Dich, der hat uns nur 30.– Mark gekostet.

VERKÄUFER: Nein, wenn ich Dir sage, der hat uns immer schon 80.– Mark gekostet *(stösst sie mit dem Fuss)*

VERKÄUFERIN: Warum stösst Du mich denn?

VALENTIN: Die harmoniern auch net z'samm.

VERKÄUFER: Weil der immer schon 80.–Mark gekostet hat.

VALENTIN: Natürlich, Frau, sonst müsst er doch 55.– – Mark daran verdienen. Sagens mal, haben Sie den Apparat nicht mit Dampfbetrieb.

VERKÄUFERIN: Mit Dampfbetrieb gibt es keinen, aber mit elektrischem Betrieb, z. B. der hier, das ist ein ganz moderner Apparat mit Lautverstärker.

VALENTIN: Was kostet denn der?

VERKÄUFERIN: Ja der ist eminent teuer.

VALENTIN: Der ist mir auch zu eminent teuer.

VERKÄUFER: Wissen Sie denn, was der Apparat kostet?

VALENTIN: Nein!

VERKÄUFERIN: Der kostet 500 Mark[.]

VALENTIN: Mit der Nadel?

VERKÄUFERIN: Wollen Sie sich mal das Reisegramola ansehen? Das wäre sehr billig, das kostet nur 20.– Mark.

VALENTIN: Mit Reise?

VERKÄUFERIN: Nein, natürlich ohne Reise.

VALENTIN: Aber ich reise ja fast selten nie, ich bin noch ganz selten gerissen.

VERKÄUFERIN: Sie können ja den Apparat zu Hause auch spielen lassen.

VALENTIN: Geht der zuhause auch?

VERKÄUFERIN: Natürlich!

VALENTIN: Und auf der Reise?

VERKÄUFERIN: Und auf der Reise!

VALENTIN: Zu gleicher Zeit?

VERKÄUFERIN: Nein, entweder zu Hause oder auf der Reise.

VALENTIN: Ah, dann ist das ja ein Entweder Apparat. Sagen's amal, kann man den Apparat auf der Strassenbahn auch spielen lassen?

VERKÄUFERIN: Aber auf der Strassenbahn wäre doch die Strecke zu kurz.

VALENTIN: Auf der Ringlinie?

VERKÄUFERIN: Jn der Strassenbahn spielt doch kein Mensch Gramola.

VALENTIN: Na also, dann werd ich mich zu einem von den drei beiden entschliessen.

VERKÄUFERIN: Und dann machen wir auch Reparaturen.

VALENTIN: Bevor man schon einen kauft? Das muss ja ein gutes Fabrikat sein.

VERKÄUFERIN: Nein, falls mal irgendwie Bedarf wäre an Reparaturen.

VALENTIN: Ja, Sie, ich habe einen bekannten Freund, der hat auch so einen Apparat und der gibt jetzt immer so unreinliche Töne. Wissens, der wohnt schon 3 Jahre im Waschhaus und da ists so feucht und da ist ihm der Zacken da eingerostet.

VERKÄUFERIN: Die Nadel? Ja und was soll man da machen?

VALENTIN: Ja, da hat er gmeint, ob man die Nadel da nicht spitzig machen könnt.

VERKÄUFERIN: Nein, das geht nicht. Da soll sich halt Jhr Freund ein Schächterl neue Nadeln kaufen.

VALENTIN: Ja das hab ich ihm auch gsagt[.]

VERKÄUFERIN: Und dann hätten wir noch sehr schöne Sachen in Schallplatten[.]

VALENTIN: Die wären mir eigentlich viel lieber als ein Gramaphon[.]

VERKÄUFERIN: Was sollen das dann für Platten sein?

VALENTIN: So runde dunkelschwarze Platten.

VERKÄUFERIN: Ja, ich meine, wollen Sie Schallplatten mit Musik oder Gesang?

VALENTIN: Nein, nur mit Schall, mit billigem Schall.

VERKÄUFERIN: Gut, wir werden Jhnen mal was vorspielen.

VALENTIN: Ja, sind's so frei!

VERKÄUFER: *(bringt eine Platte)* So, sehen Sie, da ist z. B. ein sehr schöner Marsch[.]

VALENTIN: M – – – arsch *(wiederholt das öfters)*

VERKÄUFER: *(lässt den Marsch spielen)*

VALENTIN: *(pfeift dazu, nachdem die Nadel abgesetzt)* J pfeif auf jede Platten.

VERKÄUFER: Also, was sagens dazu, die ist doch schön?

VALENTIN: Ja das schon, aber das war doch nicht Caruso?

VERKÄUFERIN: Ja, Sie wollen Caruso hören?

VALENTIN: So !!! ???

VERKÄUFER: Wollen Sie denn eine Platte hören von Caruso? Das können Sie natürlich auch *(legt eine Caruso Platte auf)*

VALENTIN: *(hört zu, bis zum Lachen des Bajazzo, [bev]or Nadel abgesetzt wird)* Jetzt lacht er, jetzt freut er sich selber, weil er naufkommen ist.

VERKÄUFERIN: Was sagen Sie jetzt?

VALENTIN: Ja, die Caruso-Platten sind schön, aber man kann doch auf diese Platte nicht tanzen.

VERKÄUFERIN: Auf eine Caruso-Platte tanzt auch kein Mensch[.]

VALENTIN: Nicht auf der Platte, ich mein halt so, so nach der Platte.

VERKÄUFERIN: Ach, Sie wollen eine Tanzplatte haben?

VALENTIN: Mit Schall!

VERKÄUFER: Ach ich verstehe Sie schon. Sie wollen eine Schallplatte hören, nach der man tanzen kann[.]

VALENTIN: Ja!

VERKÄUFER: *(legt einen Ländler auf)*

VALENTIN: *(bevor die Musik schon spielt)* Ja der ist recht. *(hört einige Takte an)* So was mein ich, das ist die Richtige! Was kostet die?

VERKÄUFERIN: 1.50 M das Stück[.]

VALENTIN: Jst mir zu teuer, die Hälfte wäre halt recht.

VERKÄUFERIN: Ja auseinanderschneiden kann ich Jhnen die Platte nicht.

VALENTIN: Nicht von der Platte die Hälfte, vom Preis mein ich.

VERKÄUFERIN: Wir haben schon billigere Platten, wenn ich nur wüsste, was Sie wollen?

VALENTIN: Sagen's amal, haben Sie die Platte von der Freiwilligen Sanitätskolonne, das »Sanitätslos« oder so ähnlich?

VERKÄUFER: Wie meinen Sie, das Sanitätslos?

VALENTIN: Ja, das Sanitätslos!

VERKÄUFER: *(Sieht im Katalog nach)* Wie soll das heissen? Das Sanitätslos?

VALENTIN: Nein, das Sanitätslos – allein[.]

VERKÄUFER: Das Sanitätslos allein?

VALENTIN: Ohne allein[.]

VERKÄUFER: Nur »Das Sanitätslos«?

VALENTIN: Ohne das!

VERKÄUFER: Nur Sanitätslos?

VALENTIN: Ohne Nur!

VERKÄUFER: Also Sanitätslos!

VALENTIN: Ohne Nur und ohne also[.]

VERKÄUFER: Sanitätslos!

VALENTIN: Ja ! ! – Die mein ich!

VERKÄUFER: Nein, eine solche Platte gibt es nicht.

VALENTIN: Doch, ich weiss ja genau.

VERKÄUFERIN: Vielleicht wollen's einmal die Melodie pfeifen oder singen?

VALENTIN: Der Refrain geht so *(singt die letzte Strophe von Seemannslos)*

VERKÄUFERIN: Ach, Sie meinen ja »Seemannslos«[.]

VALENTIN: Ja, stimmt »Seemannslos« heisst's, ja, so heisst's.

VERKÄUFER: Die haben wir natürlich auf Lager, die können Sie haben *(bringt dieselbe herein und gibt sie der Verkäuferin, diese hält Valentin die Platte hin, Valentin schlägt sie mit dem Stocke entzwei)*

VERKÄUFERIN: Um Gotteswillen, was machen Sie denn da?

VALENTIN: Die will ich nicht haben. Die Platte spielt meine Hausfrau seit Jahren jeden Tag, zum Hals wächst mir die Platte raus, Hemmungen hab ich bekommen, dem Jrrsinn war ich schon nahe. Diese Platte rotte ich aus, die kauf ich überall auf, Rottiwürfel mach ich daraus.

VERKÄUFERIN: Aber beruhigen Sie sich doch. Nehmen Sie doch Platz!

VERKÄUFER: Aber Sie brauchen diese Platte doch nicht zusammenschlagen.

VALENTIN: *(hat sich gesetzt)* Sie, sagen Sie mal, wo ist denn jetzt eigentlich die Lehne?

VERKÄUFERIN: Wie meinen Sie? Was für eine Lehne? Bei uns war noch nie eine Lehne! Vielleicht in unserem Hauptgeschäft, bei Häring, ich glaube, da ist eine Lehne, so ein grosses schwarzes Fräulein?

VALENTIN: *Die* Lehne mein ich!

VERKÄUFERIN: Ach, die Stuhllehne!

VALENTIN: Der Stuhl ist hier und die Lehne ist im Hauptgeschäft! Haben Sie vielleicht diese Himbeer – Heidelbeer – Brombeer –, Preisselbeer Platten?

VERKÄUFER: *(wiederholt)* Himbeer – Heidelbeer – Brombeer, Preisselbeer Platten? Nein, die gibts nicht!

VALENTIN: Halt – Meyerbeerplatten meine ich.

VERKÄUFERIN: Nein, die haben wir z. Z. nicht mehr, die sind ausgegangen.

VALENTIN: Wohin?

VERKÄUFERIN: Kommen Sie mal hier an den Tisch, dann zeig ich Jhnen noch verschiedene Platten.

VALENTIN: Gestorbene Platten?

VERKÄUFERIN: Sehen Sie mal hier, da hab ich was für Sie, das sind biegsame Platten in allen Farben. Da hol ich Jhnen noch welche *(ab)*

VALENTIN: *(allein)* Ja was's net alles gibt, biegsame Gramaphonplatten. So ein Glump erfinden's, aber für'n Katharrh haben's heut noch nix! *(vergleicht die Wachsplatten auf Biegsamkeit, bricht einige Platten, bis die Verkäuferin entsetzt auf die Bühne kommt)*

VERKÄUFERIN: Ja, was machen's denn da? Sie haben mir da 3 Platten zerbrochen?

VALENTIN: Vier!!!!

VERKÄUFERIN: Aber die sind doch nicht biegsam, das müssen Sie doch sofort bemerkt haben[.]

VALENTIN: Sofort !!!!

VERKÄUFERIN: Aber das geht doch nicht! Kommen Sie mal da rüber, dann zeig ich Jhnen was anders *(nimmt eine Platte, legt sie auf den Hocker auf dem Valentin gesessen ist, führt ihn an den Tisch rechts)* Sehen Sie, das hier, das sind Kristallplatten!

VALENTIN: Um Gotteswillen! Die sind ja noch empfindlicher *(Geht zurück zum Hocker und setzt sich auf die dort liegende Schallplatte, welche hörbar zerbricht)*

VERKÄUFERIN: Um Gotteswillen, jetzt haben Sie mir schon wieder eine Platte zerschlagen.

VALENTIN: Was heisst »zerschlagen«. Zersetzt hab ich sie! — Sie sagen Sie mal, früher hat es doch auch so kleine Platten gegeben, ach, da haben's Sie's ja *(nimmt die kleinen Platten in die Hand)* Was kostet denn da das Pfund?

VERKÄUFERIN: Die gehen nicht pfundweise, da kostet das Stück – – –

VALENTIN: *(hat sich mit dem Stock auf den Ladentisch gelehnt)*

VERKÄUFERIN: *(sieht das)* Aber ich bitt Sie, nehmen Sie doch den Stock da weg *(schlägt Valentin den Stock vom Ladentisch, Valentin fällt neuerdings auf eine Schallplatte, die wieder kaputtgeht)* So — jetzt ist schon wieder eine Platte kaputt!

VALENTIN: Der saudumme Stock *(nimmt den Stock auf und wirft ihn hinter die Bühne, Fensterscheibengeklirr deutet an, dass die grosse Auslagenscheibe zerschlagen ist)*

VERKÄUFERIN: *(eilt hinaus, holt den Stock, Verkäufer kommt mit herein)* Um Gotteswillen, Josef, schau nur, was der gemacht hat. Ja schauen's nur grad. Jetzt haben Sie uns die Auslagenscheibe auch noch zusammengeschlagen!

VALENTIN: Wie wärs mit einer biegsamen Auslagscheibe?

VERKÄUFER: Aber das geht nun doch zu weit. Was wollen Sie denn eigentlich hier im Laden?

VALENTIN: Einen Gramaphon kaufen!

VERKÄUFER: Also, was ist dann mit dem hier?

VALENTIN: Das ist doch der, bei dem Sie nur 5 Mark verdienen, das will ich nicht.

VERKÄUFER: Und mit dem da, wie stehts da *(Reisegramola)*?

VALENTIN: Ja ich reise ja nie!

VERKÄUFER: Ja was wollen's denn dann? *(wird wütend)*

VALENTIN: Wieso dann? Haben Sie Kaufzwang?

VERKÄUFER: Was heisst hier Kaufzwang?

VALENTIN: Jch kann mir doch in einem Laden einen Gramaphon ansehen und kann ihn erst zu Weihnachten kaufen. Das kann ich doch machen, wie ich will!

VERKÄUFER: Ja das können Sie. Aber Sie haben kein Recht, mir einen derartigen Schaden zuzufügen, haben Sie mich verstanden?

VALENTIN: Das ist vergessen! Und übrigens, heute ist die Zeit nicht mehr, dass man in einen Laden hineingeht und kauft sich ganz einfach einen Gramaphon, heute kommt zuerst die Magenfrage!

VERKÄUFERIN: Dann hätten Sie in einen Wurstladen gehen müssen!

VALENTIN: Das kann Jhnen wurst sein!

VERKÄUFER: Nein, das ist nicht der Fall. Wo kämen wir denn hin, wenn wir lauter Kunden hätten, die uns einen derartigen Schaden anrichten?

VALENTIN: Dann gingen'S zu Grund!

VERKÄUFER: Na also! Wie stehts jetzt, was wollen'S nun hier im Laden?

VALENTIN: Ja wie gesagt, das liebe Geld halt. Was kostet eine Schallplatte?

VERKÄUFER: 3 Mark!

VALENTIN: Ja schaun's, um 3 Mark, da krieg ich schon einen Hut! Und was kosten Gramaphonnadeln?

VERKÄUFERIN: *(zeigt ihm verschiedene Arten von Nadeln)* So ein Schachterl kostet halt 60 Pfennig[.]

VALENTIN: Eine Nadel bräucht ich eigentlich nur. Geb[ns] Sie's nicht stückweise her?

VERKÄUFER: Nein, das geht dann doch schon nicht, das wären nette Geschäfte!

VALENTIN: Also so ein Schächterl kostet 60 Pfennig. Und der *(deutet auf den grossen Gramaphon mit Lautverstärker)* der kostet 500 Mark?

VERKÄUFER: Ja !!!!!

VALENTIN: *(Sieht am Tisch Kataloge, nimmt einen und frägt)* Sie, was kostet denn so ein Katalog?

VERKÄUFERIN: Der kostet nichts!

VALENTIN: Wie, der kostet nichts?

VERKÄUFER: Nein! Den bekommen Sie gratis, umsonst!

VALENTIN: Umsonst? So? Dann nehm ich einen Katalog! *(geht ab)*

VERKÄUFER: *(ihm nachgehend, während Vorhang fällt)*: Da hört sich doch Alles auf!

[Guillotine]

Schauerlich lag am 5. November 1890 der trübe Morgennebel über der Fronfeste am Unteranger. Um ½ 7 Uhr früh läutete das Armesünderglöcklein und der Raubmörder N. Schindler musste eine grausige Tat auf dem Schaffot sühnen.

So ungefähr hiess es in der Münchener Volkszeitung vom 5. Nov. 1892. Und das Schaffot mit dem schiefen Beil und mit den Scharfrichtern im Zylinder war das Titelbild. An jedem Zeitungskiosk standen die Grossen und Kleinen und betrachteten lautlos mit starren Augen diese Bilder des Grauens. Aber ich war mit dem Bild anschauen nicht ganz zufrieden, meine rege Fantasie wollte mehr. Ich baute mir zuhause eine kleine Guillotine, ich war 12 Jahre alt, hatte Talent zum Basteln und hatte genau nach dem Bild der Volkszeitung die Köpfmaschine konstruiert. – Zuerst mit Wachspuppen, das war mir und meinem Kameraden (Oskar Togel, Malermeisterssohn) zu letschert (kindisch), denn die damalige Schundliteratur, die sogenannten Indianerhefterln zu 10 Pfennig und die Mord Moritaten auf den Dulten hatten unsere rosigen Kinderfantasien schon vollständig verseucht und wir entschlossen uns, lebende Mäuse hinzurichten. Auf dem Hundsmarkt im Hofe des Gasthauses Oberottl (jetzt Sendlingerstr. Nr. ?) bekam man ausser Hunde auch Meerschweinchen, Hasen und weisse Mäuse zu kaufen das Stück zu 10 Pfennige, fluchs kauften wir 10 Stück von diesen. In unserem Sommerhaus hatten wir tags zuvor aus Pappendeckel die ganze Fronfeste erstehen lassen mit vergitterten Fenstern etc.. In der Mitte stand die Guillotine, ich spielte den Scharfrichter Reichert mit Vaters Hochzeitszylinder, und mein Spezi Oskar, den Gehilfen. Die Kerzen wurden angezündet, das Urteil verlesen, der Stab gebrochen, die Maus in die Oeffnung geschoben, das Beil fiel und das Blut floss. 10 arme kleine Tiere auf dem Schaffot – starben unschuldig. – Warum hat uns der Zufall nicht jemand geschickt, der uns eine richtige Tracht Prügel gegeben hätte, für dieses scheussliche Spiel. Meine Eltern entsetzten sich schon über die Guillotine allein, aber was eben nicht geduldet wurde, wurde heimlich gemacht. Wir schossen

mit Vaters Zimmerstutzen Spatzen von den Bäumen, auf der
Kohleninsel, wir schossen auf Hunde und Katzen. –

[aus: »Meine Jugendstreiche«]

Die Tücke des Objekts

Der Photograph

Voriges Jahr auf Weihnachten hat mir meine Gemahlin-Frau einen Ding gekauft, einen – – – – entschuldigen, ich bin nämlich furchtbar vergeßlich, was hab ich jetzt grad gsagt? – ja, ja, daß ich vergeßlich bin – nein, meine Frau hat mir zum Christkindl ein Präsedent gemacht – einen wunderschönen – was war jetzt das gleich was ich bekommen hab? *(es ruft jemand herauf*: Spazierstock?) na, na, koa Spazierstock – gibts das auch, daß man sowas vergessen kann. (Strohhut.) Geh redens doch net so saudumm daher, auf Weihnachten brauch ich doch keinen Strohhut! Was war jetzt das, was ich von meiner Frau bekommen hab? (a Kind.) Schmarrn! A Kind braucht ma doch mei Frau net kaufen, dös könna mir uns doch – dös kriegn wir doch umsonst.

Mir liegts auf der Zunge, man braucht so Platten dazu, (a Grammophon), ach, a Grammophon ist doch kein Präsent – das ist doch ein Musik-Instrument. Das was ich von meiner Frau kriegt hab – macht ja kei Musik – is so klein und viereckig (a Paket Kunsthonig.) Geh redens doch koan solchen Mist – hat denn a Paket Kunsthonig drei lange Füß? – Wia man nur so was vergessen kann? Ich weiß ganz gut, was ich mein, nur der Name fällt mir net ein! es ist halt ein Apparat, wo man damit photographieren kann. – Jetzt hab ich's, an Photograph-Apparat hab ich zu Weihnachten kriegt.

Seit 1¼ Jahr apparate ich mit dem Photographie – umgekehrt wollte ich sagen, photographiere ich mit dem Apparat und krieg nichts fertig. – Ich glaube das liegt an der Witterung – oder besser gesagt – es muß alles gelernt sein. Meine Bilder werden halt nichts. Sehn's da hab ich meine Nichte gemacht, die ist überhaupt nicht zum photographieren, des sagt schon das Wort Nicht–Nichte. – Da hab ich noch verschiedene Aufnahmen.

(Zeigt dem Publikum verschiedene Photographien.)

Das hier ist eine Naturlandschaft, eine Herbststimmung, die hab ich im Frühjahr aufgenommen; ist aber gar nichts worden, da war nur das schuld, weil ich bei der Aufnahme vergessen hab, den Deckel runter zu tun von dem – von dem Obelisk – nicht Obelisk – wie heißt jetzt gleich das runde Vergrößerungsglas vorn dran? (Erbsen oder Linsen), nein, mit O gehts an. (Ob du mich liebst), Schmarrn! Objekthoch – nein, Objektiv heißt's. –

Die schönste Aufnahme, die ich je gemacht habe, ist das hier, da hab ich a ganze Familie photographiert von unserm Haus – im Hof drunt, alle im Sonntagsgwand, mei hab ich g'schwitzt. – Beim Negativentwickeln hab ich's scho g'spannt daß ich was saudumms gmacht hab. In 8 verschiedenen Stellungen hab ich die ganze Familie aufgenommen; sitzend – stehend – von der Seiten – von hinten – von oben und unten.

Bei jeder Stellung hätt ich doch eine neue Platte nehmen solln – ich in mein Eifer mach sämtliche Aufnahmen auf *eine* Platte. – Interesse halber hab ich einen Abzug davon gemacht. Glacht hab ich selber soviel, daß mir der Bauch weh getan hat.

(Bild dem Publikum zeigend.)

Da sehns, der Vater hängt in der Mutter drinn, der Sohn sitzt dem Wickelkind im Gsicht drinna, die Großmutter hat an Dienstmädel ihren Kopf auf, die Füß vom Dienstmädel hat der älteste Sohn auf'n Arm liegen – die kloa Elsa hat drei Nasen im G'sicht und der Großvater hat Kindsfüß kriagt vom kloan Peperl.

Futuristischer kanns der modernste Sezessionist net maln. Beim Plattenentwickeln hab ich auch schon oft a Pech g'habt – unsere »Toilette« dahoam hab ich als Dunkelkammer verwandelt – da stinkts oft drinn – nach den Chemikalien – a rote Latern hängt drinn – eingricht bin ich wie a Hebamm.

A schöner Sport ist's Photographieren ja – nicht – außerdem Momentaufnahmen – und zu Momentaufnahmen bin ich z'langweilig. – Wie einmal über mein Haus, wo ich wohne, ein Flieger hoch oben drüber geflogen ist, hätt ich von meinem Fenster aus a Momentaufnahme machen wolln. Ja mei, – bis ich bloß mein Apparat g'funden hab, hat der Flieger, glaub ich, in Schleißheim scho d' Flugmaschin abmontiert g'habt. – Personenaufnahmen mach ich speziell ungern, weil sich die Leut nie ruhig halten, besonders d' Damen. – A Dame wenn sich photographieren läßt, sind die Mundpartien am Bild immer verschwommen; weil koane ihr Pappen ganz ruhig halten kann.

Gegenstände sind viel leichter zu photographieren. Neulings hab ich ein Stück Kernseife photographiert zu 3.50 Mk. – die ist mir großartig gelungen; zum »sprechen« sag ich Ihnen. Ich könnte eigentlich jetzt eine kleine Aufnahme machen, mit Blitzlicht. – Herr Theatermeister, bringens mir mein Ding herein, meinen – jetzt weiß ich schon wieder an Namen nicht, meinen – (Ueberzieher,) nein, meinen (Spazierstock,) redens doch kein solchen Blödsinn, mit an Spazierstock kann ich doch net photographieren – halt – mein Photograph-Apparat rein – jetzt hab ich's wieder. *(Bringt Apparat.)* So einen Moment, dann mach ich schnell eine Momentaufnahme.

(Aufstellung des Apparates.)
(Blitzlicht-Pulver herrichten.)

Schwarzes Tuch über den Kopf *(bleibt hängen, Apparat fällt um, er verwickelt sich ganz)* – *(Zum Publikum)* Also bitte recht freundlich, die Liebespaare im Saale können sich ruhig umarmen. Sie halten das Glas hoch – sie beißen grad in ein Stück Brot nein – Sie geben mir vielleicht ein Glas Bier rauf u.s.w. – Bitte möchten Sie Ihr Monokel rausnehmen, das macht sich sehr schlecht auf dem Bild weil's blendet und für Sie ist's auch besser, weil's dann besser sehen.

Also bitte, jetzt alles ruhig! – Eins, – zwei *(Glockenzeichen.)* *(Theatermeister:* Sie möchten sofort ans Telephon kommen!) Einen Moment bleiben Sie ruhig in der Stellung. – *(Geht schnell hinter die Kulissen.)* – N. N. hier! Wie? Da sind Sie falsch entbunden! – *(Kommt eilig wieder herein.)* – So nun bitte *(Zum Publikum)* eins – zwei – drei – fertig. – Danke schön.

Die Aufnahme ist glänzend geworden; das werden glänzende Bilder auf mattem Papier. – Also kommen Sie in 8 Tagen wieder, dann erhält Jedes ein Bild gratis – hoffentlich sinds gut geworden.

(Theatermeister bringt eine Schachtel.)

(Bitte gehört die Schachtel vielleicht Ihnen? Da steht drauf »Photographische Platten für Blitzlicht-Aufnahmen«.)
  Kreuz – Sakra – ich hab ja ohne Platten photographiert.

(Zum Publikum:)

»Das ist mir aber unangenehm. – Also entschuldigens vielmals!!!«

Geht ab.

Die zwei Elektro-Techniker

DIREKTOR *kommt aufgeregt auf die Bühne, zum Beleuchter:* Sie was ist denn mit dem Scheinwerfer los, haben Sie denn nicht richtig eingeschaltet? Die Vorstellung soll doch anfangen, was ist denn mit dem Licht, wo sind denn die Elektrotechniker? *(sucht hinter der Bühne)* Kommens schnell raus und bringen Sie den Scheinwerfer in Ordnung.

VALENTIN: Ja wir können doch net vor de Leut an Scheinwerfer machen.

DIREKTOR: Das ist jetzt egal, genieren Sie sich nicht, kommt nur raus alle beide und schaut was da los ist.

Beide kommen auf die Bühne.

DIREKTOR: So lang der Scheinwerfer nicht brennt, können wir mit der Vorstellung nicht anfangen. Schauns doch schnell was da los ist, der brennt nicht mehr.

VALENTIN: Warum brennt er nicht?

DIREKTOR: Das müssen doch Sie wissen, Sie sind der Fachmann.

VALENTIN: Ja ich schon aber der nicht, das ist noch ein Fachlehrbub.

DIREKTOR: Ja macht nur schnell, dass wir wieder weiter spielen können.

VALENTIN: Warum hams uns denn das net gestern gsagt, dass er net brennt?

DIREKTOR: Weils grad passiert ist. Vor a paar Minuten.

VALENTIN: Ja mei mir kennen eben das System nicht, unsere Spezialität sind Marinescheinwerfer.

DIREKTOR: Das ist mir gleich, der Scheinwerfer muss gemacht werden, schauns'n halt amal an.

SIMMERL: Ja mei, mitn Anschaun wird er nicht brennen.

VALENTIN: Was fehlt denn eigentlich?

SIMMERL: Vielleicht ist er hin?

DIREKTOR: Ja natürlich, sonst tät er doch brennen.

SIMMERL: Brennt er überhaupt nicht mehr?

DIREKTOR: Nein.

SIMMERL: Wirft er keine Scheine mehr?

VALENTIN: Halt doch 's Maul!

DIREKTOR: Das wird halt an der Leitung liegen, also macht so schnell wie möglich, dass er fertig wird. In drei Minuten schau ich wieder nach.

VALENTIN: Ja zu so einer Reparatur brauchen wir immer drei bis zwölf Tage.

DIREKTOR: Aber hier doch nicht, da kann doch nicht viel fehlen. Beeilen Sie sich, dass wir in fünf Minuten anfangen können. *(ab)*

VALENTIN: Müss ma halt nachschaun *(horcht an der Wand)* Ja, da ist ein kurzer Schluss da. *(misst mit Meterstab)* Geh amal in d'Werkstatt nüber und hol den andern Meterstab.

SIMMERL: In d'Werkstatt kann ma net nei, dö is zu g'sperrt.

VALENTIN: Wo ist denn der Schlüssel?

SIMMERL: Der liegt drinn in der Werkstatt.

VALENTIN: Was für ein Rindvieh hat denn da zug'sperrt?

SIMMERL: Ich!!!!

VALENTIN: Und der Schlüssel liegt drinn, ja wie bist denn da rauskomma?

SIMMERL: Ja zuerst bevor ich zug'sperrt hab, bin ich noch schnell rausgangen.

VALENTIN: Da müss ma an neuen Kabel legen, da dürf ma glei anfanga, *(schreibt ins Notizbuch die Zeit, wenn er anfängt)* Also, jetzt fang ma an.

SIMMERL: Ja fang ma gleich an – dann hol ich gleich d'Brotzeit.

VALENTIN: Da hast a Geld, holst a Mass Bier und zwoa Regensburger, oane warm –

SIMMERL: Und dö ander kalt.

VALENTIN: Neinnnnn – dö ander auch warm, oder nimmst glei alle zwoa warm, und vier Bretzen und an Schlagrahm.

SIMMERL: Zu was ghört denn da Schlagrahm?

VALENTIN: Der Schlagrahm? Brauchst blos an Rahm bringa, an Schlag kriagst dann von mir. Also woasst alles?

SIMMERL: Ja, a Mass Bier und zwoa warme Würst –

VALENTIN: Kalt wärn's ma eigentlich lieber.

SIMMERL: Dann hol ich zwoa kalte – oder ich verlange zwoa ganz hoasse und geh langsam, dann wers a so eiskalt bis ich rüberkomm.

VALENTIN: Ja dös geht auch, und sollns zu eiskalt sein, dann könna mas immer wieder warm machen. Also geh zua!!!!!

SIMMERL: Ja wo soll ich denn dö Würst hintragn?

VALENTIN: Nach Harlaching nauf, wenn ma da arbeiten.

SIMMERL: Na ich mein, ob ich alle zwoa da her tragn soll, weil doch oane mir g'hört, dö kannt i glei am Weg dann essen.

VALENTIN: Schwing dich, schau dass'd weiter kommst – – – darenn die fei net!

SIMMERL: Na, ich gib schon obacht. *(ab)*

VALENTIN: Das ist a Kreuz mit dem Buam, er ist ja a guater Kerl, aber furchtbar dumm. Eigentlich hätt ich'n gar net braucht, aber sei Vater hatts haben wollen, drum hab ich ihn g'nomma. Zuerst war er ja bei einem Metzger in der Lehr, aber da hat er alle Würst die er gmacht hat, selber z'samm g'fressen. Bis ihn sein Vater zu an Nagelschmied getan hat, dann war a Ruah. – Jetzt ist er bei mir, ich hätte zwar gar keinen Lehrbuben braucht denn mein Geschäft geht momentan nicht unbedeutend gut, und ausser mir hab ich so wie so keinen Lehrbuben, da hab ich mir denkt, jetzt geht's auf den einen auch nimmer drauf z'samm.

SIMMERL: *(kommt mit Bier und heissen Würsten)* Ah Blumendraht, san dö hoass, ich hab mir mei ganze Pratzen verbrennt.

VALENTIN: *(nimmt die Würste)*

DIREKTOR: So, seid Ihr nun fertig?

(Beide verstecken die Brotzeit) (Valentin hat die heissen Würste in der Tasche) (brennt sich)

DIREKTOR: Ja was ist denn los, haben Sie Bauchweh?

VALENTIN: Jaaaaa Bauchweh – – – – – – – –

DIREKTOR: Da müssens halt heisse Umschläg machen.

VALENTIN: San ja so so heiss.

DIREKTOR: Und wie steht denn der da? Warum tut der die Händ nicht vor? Vorwärts, nimm deine Hände vor!

SIMMERL: Das geht nicht?

DIREKTOR: Warum denn nicht?

SIMMERL: Weil ich an Masskrug hinten hab.

VALENTIN: Hundsbua, hab ich was gsagt von de Würst?

DIREKTOR: Sooo also Brotzeit macht Ihr, statt der Arbeit. Ich meine, Brotzeit könnt man hernach auch machen.

VALENTIN: Ja mei, schliesslich vergess ma hernach drauf.

DIREKTOR: Das glaub ich kaum, dass Ihr auf das vergesst. Also, was ists jetzt mit dem Scheinwerfer, ist er jetzt fertig?

VALENTIN: Nein, wir haben eben kein Werkzeug dabei.

DIREKTOR: Dann holen Sie sich doch Ihr Werkzeug, wo ist denn Ihre Werkstatt?

VALENTIN: In Haidhausen !!!!!

DIREKTOR: So lang können wir nicht warten, nehmens halt von uns was, wir haben doch auch alles da.

VALENTIN: Ja das geht auch, denn wenn man den Scheinwerfer macht, muss er gleich richtig g'macht werden. Wissens mit einem Scheinwerfer ists genau so, wie mit etwas anderm. Das muss glei richtig in d'Hand gnomma wern.

DIREKTOR: Also beeilen Sie sich.

SIMMERL: Wir nehmen jetzt blos einen kleinen Imbiss zu uns und dann fang ma an.

DIREKTOR: Jetzt gibts nichts zu essen, suchens schnell das Werkzeug was Sie brauchen und machens das Licht endlich.

VALENTIN: Ja wir gehen jetzt und kommen dann vielleicht bestimmt wieder.
(beide ab)

DIREKTOR: Das ist doch was Schreckliches mit den Leuten, bis die einmal anfangen – – die Herrschaften entschuldigen schon, wir werdens jetzt bald haben. *(ab)*

Beide kommen wieder mit Leiter, Stangen, und Werkzeugkistl.

VALENTIN: *(lässt die Stangen auf einen Gast fallen, die Leiter steht auf der Litze, beide ziehen hin und her)* – –

VALENTIN: Ja mit Gewalt gehts gar nicht. – Da braucht man ja blos d' Leiter aufheben, *(tut es und zieht dann die Litze unnötigerweise wieder durch die Leiter)* Sooooo !!!!

SIMMERL: *(stellt die Leiter auf)*

VALENTIN: Net da hin, da schimpft der Herr Cherubin.

SIMMERL: *(lehnt sie an den Vorhang)* Da gehts auch nicht, dö ham ja a samtne Haustür.

VALENTIN: Da bräuchten wir eine runde Leiter um den Turm herum.

SIMMERL: Das ging schon, wenn die Leiter höher wär, oder wenn das weiter herunt wär –

VALENTIN: Da müssten wir höchstens a kleines Gerüst machen, dass ma da ein Brett nüber legen.

SIMMERL: Ja wie lang soll das Brett sein? Dann hol ich eins, fünf Meter ungefähr?

VALENTIN: Wart, ich mess ab. *(sein Meterstab klappt immer um) (Er merkt sich mit dem Finger die Stellen, der Meterstab kommt ihm immer aus – er macht mit dem Bleistift einen Strich in die Luft) (Währenddessen sagt er zum Simmerl):* Was schaugst'n so blöd?

SIMMERL: Ich muass doch obacht gebn dass i was lern.

VALENTIN: Also ein Meter 85 muss das Brett lang sein.

SIMMERL: Ja jetzt geh ich schnell in d'Werksatt und hol es. *(lässt die Leiter auf einer Seite zuklappen, zwickt dem andern die Finger ein).*

VALENTIN: Depperter Depp, depperter, sigst denn net, dass i meine Finger drin hab.

SIMMERL: Da kann i a nix dafür, für was müassen Sie Ihre Bratzen überall neidoa. *(steigt auf die Leiter hinauf).*

VALENTIN: Schau amal ob ma da an Anschluss habn!

SIMMERL: I kann gar nix segn, weil i zweit weg bin; da müassn ma z'erst 's Brett rüberlegen, vielleicht genga Sie schnell heim und hol'ns 's Brett, dann wart ich daweil da.

VALENTIN: Dir geh i dann glei heim, geh runter.

SIMMERL: *(geht runter, steigt ihm auf die Hand hinauf)*

VALENTIN: Auuuu, so geh doch runter, du stehst ja drobn!

SIMMERL: Wooo? Auf der Leiter?

VALENTIN: Na auf der Ding.

SIMMERL: Auf der Sprossen?

VALENTIN: Nein auf der – – – – – – – – Mir fällt ja der Nama net ein – – – auf meiner Hand! *(haut den Lehrbubn)*, daschlagn tua i di no amal, sigst denn net?

SIMMERL: Mit de Schuhsohln kann i doch net segn, überhaupts werd i amal windig werden, dann hau Ihna i 's Werkzeugkistl nauf, dann könnas a Lied singa, o Haupt voll Blut und Wunden.

VALENTIN: Na gfreu di nur, heut nach Feierabnd. Hama denn überhaupt an Strom, da probier amal die Lampe aus, obs brennt!

SIMMERL: *(zündet mit einem Streichholz die Lampe an)* Na, die brennt net.

VALENTIN: Was tuast denn wieder? *(reisst ihm die Lampe aus der Hand, verbrennt sich daran)* – Herrgott Saprament, geh amal in den Turm nauf, damit i di nimmer siech.

SIMMERL: *(geht hinauf)*

VALENTIN: *(pfeift)* Bist scho drobn?

SIMMERL: *(pfeift auch)* Bin scho da.

VALENTIN: Da herin pfeift ma doch net, du gscheerter Lump. – – – – Obacht, jetzt wirf i dir den Draht nauf, *(wirft ihn ganz hinauf)* halt, ich brauch ja oa End.

SIMMERL: I trags nunter.

VALENTIN: Nein, wirfs runter. – Wart – *(steigt in eine Schüssel Schlagrahm hinein)*

SIMMERL: Uuuuu, Sie san in den ganzn Batz neitretn! *(wirft die Litze hinunter einer Dame auf den Kopf)*

VALENTIN: *(erwischt den Hut der Dame mit der Litze, reisst Federn aus)*

GAST: Ja, was fällt Ihnen denn ein, können Sie nicht besser obacht geben.

VALENTIN: Das ist mir gleich, ich muss arbeiten. *(wirft den Draht wieder hinauf).* So, jetzt ziag o.

SIMMERL: *(zieht den ganzen Draht hinauf)*

VALENTIN: jetzt hat ern wieder drobn, pass doch auf *(steigt wieder auf den Tisch)*

GAST: Was fällt Ihnen ein, Sie sehen doch, dass wir essen.

VALENTIN: Um de Zeit frisst ma a net. – So Simmerl, jetzt wirfst ma den ganzen Draht runter, du brauchst blos ein End bhalten.

SIMMERL: *(schneidet mit der Scheere ein End ab, wirft den Draht hinunter wieder auf den Kopf der Dame)*

GAST: Alles was recht ist, Herr Ober einen andern Platz!

VALENTIN: Sie habn aber auch den ungünstigsten Platz da herin. – Ja jetzt hat er mir wieder den Draht runter gworfn, ich hab doch gsagt, 's End sollst drobn bhalten.

SIMMERL: Das hab ich ja, ich habs doch extra weggschnitten, i hab ma denkt: Ende gut, Alles gut!

VALENTIN: Hundskrippl, mistiger, wo hast denn dein Saukopf?

SIMMERL: Da.

VALENTIN: *(wirft ihm eine Windnudel ins Gesicht)*.

GAST: *(schimpft)*.

VALENTIN: Dann machn Sie an Scheinwerfer, wenn Ihnen was net passt. So, jetzt wirf'st ma a Messingschräuberl runter.

SIMMERL: Obacht, Schräuferl! *(es fällt in den Busen der Dame)*

DAME: *(schreit)*

VALENTIN: Wo ists denn hingfalln?

GAST: Da hinein.

VALENTIN: *(wills herausholen)*

GAST: Das geht doch nicht, hier vor allen Leuten!

SIMMERL: Sie, dö soll aufstehn, dann fällt's unten raus.

GAST: *(schimpft)*

DAME: *(steht auf, Herr gibt ihm das Schräuferl)*

VALENTIN: Ahh dös is no ganz warm, – so Bua, jetzt klemmst die Litze in Scheinwerfer nei, und dann schalt'st ein.

SIMMERL: Ja ist schon recht. *(kommt runter)* So jetzt brennt er schon.

VALENTIN: Der brennt nicht, warum lügst denn schon wieder? *(haut ihm eine runter)*

SIMMERL: Ja der brennt schon, der Andere, auf der andern Seiten.

VALENTIN: Ja gibts denn sowas auch, den hamm mir g'richt und der Andere brennt.

DIREKTOR: So, sinds jetzt so weit, brennt er jetzt?

VALENTIN: Ja der brennt auf der andern Seite. *(lacht)*

DIREKTOR: Lachens doch net so blöd.

SIMMERL: Der kann ja net anders.

DIREKTOR: Der nützt mich nichts, den muss ich haben.

VALENTIN: Ja den hamma ja g'richt', aber der hat brennt.

DIREKTOR: Den kann ich aber nicht brauchen, der nützt mich nichts. – Mein Gott, den brauch ich, der muss brennen. *(ab)*

VALENTIN: Ja, na müss ma halt *den* richten.

(Beide ab)

168

Erste Fliegeralarmprobe in München 1913

Ungefähr ein Jahr vor dem Weltkrieg 1914 beauftragte der Stadtrat eine grosse Münchener Elektrofirma, eine elektrische Sirene auf das Dach des neuen Rathauses in Aufstellung zu bringen, die bei einem eventuellen Fliegerangriff auf München durch auf- und abheulen, die Bevölkerung zur Vorsicht mahnen sollte. – Die Firma führte den Auftrag aus, die Sirene wurde auf das Dach montiert und an irgend einem Tag stand in den Münchener Neuesten Nachrichten und allen anderen Zeitungen zu lesen:

»Morgen Mittag 12 Uhr ist der erste Probealarm der neu aufgestellten Sirene!« – – Die Probe fand statt – aber der erwartete Erfolg blieb aus, das Ding war nicht wie die Stadträte vermuteten, in ganz München zu hören, nur am Marienplatz und im innersten Zentrum und da kaum hörbar. Die Elektrofirma wurde vom Stadtrat gerügt, für die mangelhafte Ausführung der Alarmanlage, musste die »kindische Sirene« wieder vom Rathaus entfernen und musste obendrein den Spott der Münchener Bevölkerung einstecken, die Witzblätter taten das ihrige dazu. Einen grossen Artikel brachte der Schriftsteller Richard Braunbeck, der in höchstgelungener Weise die missglückte Alarmanlage in der Münchener Zeitung schilderte. Über diesen Hohnartikel war der Ingenieur der Elektrofirma eingeschnappt, wie man so sagt. Der Herr Elektroingenieur sah zwar von einer Beleidigungsklage ab, lud aber den Herrn Richard Braunbeck ein, in seine Fabrik zu kommen. Braunbeck kam, der Herr Ingenieur schimpfte den Herrn Schriftsteller nicht, bot ihm sogar eine Zigarre an und führte ihn in die Fabrikhallen, um ihm den ganzen Betrieb zu zeigen. Herr Braunbeck betrachtet alles mit grossem Interesse, Dynamos, Riesenschwungräder, Akkumulatorenanlagen. Hier, sagte der Ingenieur zu ihm:

»In diesem kleinen Raum befindet sich ein Elektromotor, welcher an der Seite, hier mit dem Hebel eingeschaltet wird. Ich schalte nun ein und wenn Sie nun genau obacht geben, so hören Sie, ein leises Summen!« – – Ein furchtbar ohrenbetäubender Lärm setzte ein, Herr Braunbeck hielt sich die Ohren zu und verliess fluchtartig den Raum. Der Herr Ingenieur schaltete die Maschine wieder aus, ging hinaus zu dem vor Schreck zitternden Herrn Braunbeck und meinte:

»Nun, haben Sie das Ding gehört?« – »I glaub schon, i muass glei zum Ohraarzt geha, i moi, mir hätts meine zwoi Trommelfälla z'rissa«. Da sagte spöttisch der Herr Ingenieur:

»Mein lieber Herr Braunbeck, was Sie da gehört haben, das ist dieselbe Sirene, die Sie am Marienplatz in München nicht gehört haben!« – – »Rache ist süss!«

Beim Tiefsee-Taucher

Die Komödie spielt in zwei Szenen vor und in der Taucherbude.

1. Szene.

Auf der Bühne steht schräg die Aussenkulisse (Aussenansicht) einer Taucherschaubude (siehe Zeichnung). Auf kleinen Antritten vor der Bude steht die Kapelle, bestehend aus drei Blechmusikanten, einem Clown, welcher die grosse Trommel schlägt und dem Ausrufer. – Die Musik beginnt. Nach der zweiten Musikpiece erscheint der Taucher selbst, tropfnass von der letzten Vorstellung. Der Ausrufer hält nun seine Ansprache:

AUSRUFER: Zutritt, Zutritt!, meine Herrschaften! – Soeben beginnt eine neue Vorstellung! Sie haben heute Gelegenheit, die Tätigkeit eines Tiefseetauchers zu bewundern. In einigen Minuten ist Anfang der Vorstellung! *(Erklärung der Ausrüstung)* Sie sehen also hier einen Tiefseetaucher! Wie ein Packträger auf dem Lande arbeitet, so hat ein Taucher die Pflicht, unter dem Meere zu arbeiten. Damit dem Taucher das möglich ist, benötigt er einen Taucher-Anzug und die entsprechende Ausrüstung dazu *(zeigend)*. Dieser besteht aus einem wasserdichten Gummianzug, der an den Armen und an den Schuhen mit Gummiringen abschliesst, um das Eindringen des Wassers zu verhindern. An dem Taucherhelm befinden sich runde Fenster, damit der Taucher herausschauen kann. – Dem Taucher wird jetzt der Taucherhelm wieder auf den Kopf gesetzt. Vorläufig atmet er noch die irdische Luft ein, sobald aber dem Taucher die Verschlussschraube eingeschraubt wird, ist der Taucher von der Athmosphäre abgeschlossen und muss ihm durch die Taucherpumpe Luft zugeführt werden. Der Taucher wäre nun tauchfertig ausgerüstet, wäre aber noch nicht imstande, in die See hinunterzutauchen, weil er noch nicht die nötige Schwere besitzt. Um dieses zu bewerkstelligen, muss dem Tiefseetaucher das sogenannte Taucherherz umgehängt werden. Dieses Taucherherz hat den Zweck, den Taucher in die Tiefe zu ziehen. Dieses Taucherherz hat ein Gewicht von 30 Pfund; ausserdem hat der Taucher noch an beiden Füssen die sogenannten Taucherschuhe aus Blei im Gewicht von 80 Pfund, welche ebenso dazu bestimmt sind, die Schwere des Tauchers zu vermehren. – Das hier ist der Luftschlauch, welcher dem Taucher die Luft aus der Pumpe zuführt, und das hier ist das Seil, an welchem der Tiefseetaucher in die grauenhafte Tiefe des Meeresgrundes hinabgelassen wird. Ausserdem erhält der Taucher die elektrische Taucherlaterne, die ihm in angezündetem Zustande Licht gibt und auch unter Wasser brennt. Der Tiefseetaucher ist somit völlig ausgerüstet und die Vorstellung kann beginnen! – Also Zutritt, Zutritt, – damit Sie sich einen schönen Platz sichern können! Die Kapelle gibt das letzte Zeichen und die Vorstellung beginnt!

Der Ausrufer geht nun mit dem Taucher und den Musikanten in die Bude hinein. Ihnen folgen verschiedene Personen, die vor der Bude die Rede mit angehört haben. Nach dem Publikum erscheint vor der Bude Karl Valentin und Lisl Karlstadt als komisches Ehepaar. Vor der Bude sitzt nur noch die Kassierin.

KARLSTADT: Da schaug her, Alter, der Taucher is a wieder auf der Wies'n herauss, – ah fein – da geh'n ma eini, geh weiter!

VALENTIN: A, mir gangst, dös war net vui interessant, da geh i schon liaber zum Riesenmädchen, die hat solchene Hax'n, da sieghst wenigstens was!

KARLSTADT: I gib dir glei Hax'n! Wennst Hax'n segh'n willst, dann schaugst de mein' o, dös merkst dir!

VALENTIN: Hab i koa Interesse!

KARLSTADT: Wennst scho positiv a seltens Frau'nzimmer segh'n willst, nacha geh'n ma halt zur »Dame ohne Unterleib«.

VALENTIN: Die hat ja koane Hax'n net, geh'n ma halt zum Riesenmädchen!

KARLSTADT: Stad bist jetzt, jetzt geh'n ma grad extra zum Taucher nei! – Zahl'n tua i – gib 's Geld her!

VALENTIN: Säh – ja Du, hast g'hört, wart ma halt, bis der Taucher wieder ausser kimmt, dann schaug'n ma'n uns heraussen o – dös war doch a Blödsinn, wenn ma neigeh' tat'n.

KARLSTADT: Dumm's Mannsbild, dumm's, herauss taucht er doch net unter.

VALENTIN: Wo nacha?

KARLSTADT: Ja drinna!

VALENTIN: Wo drinna?

KARLSTADT: Ja, im Wasser!

VALENTIN: Jaaaaa – is in dera Bud'n lauter Wasser drinna?

KARLSTADT: Wahrscheinlich!

VALENTIN: Mir gangst! – Na dersauf' ma ja!

KARLSTADT: Jetzt geh'n ma amal nei, – gib Obacht – da kommen 4 Stufen, dass d' di net derfallst!

VALENTIN: Ja ja, kümmer' di net um mi! *(Fällt auf der Stiege, schlägt sich die Nase auf)*

KARLSTADT: Hab i's net g'sagt, mit dem Kletzenkopf kannst nirgends hingeh'n, höchstens ins Kasperltheater!
(Beide zahlen an der Kasse und gehen in die Taucherbude hinein.)

2. Szene.

Bude von innen. Die Bude muss auf der Bühne so gestellt sein, dass das Publikum die äussere und die innere Vorstellung ohne weitere Verwandlung vor Augen hat. – Die Vorstellung der Bude nimmt durch Aufziehen eines kleinen Vorhanges ihren Anfang. – Rekommandeur und Taucher (ohne Helm) betreten das Innere der Bude.

REKOMMANDEUR: *(Zum Publikum)* Sehr geehrte Damen und Herren! Sie sehen also einen Original-Tiefseetaucher in voller Ausrüstung. Wie ein Packträger auf dem Lande arbeitet, so arbeitet der Original-Tiefseetaucher auf dem Meeresgrunde. Damit dem Taucher das möglich wird, benötigt er eine Taucherausrüstung. Dieselbe besteht aus einem wasserdichten Gummianzug und zweitens aus dem Taucherhelm......

VALENTIN: Sie entschuldigen's, kann der anstatt dem Taucherhelm an Wilhelm a braucha?

REKOMMANDEUR: Bitte mich nicht zu unterbrechen! – ..... An
dem Taucherhelm befinden sich runde Fenster, damit der
Taucher heraus schauen kann.......

VALENTIN: Wer schaut denn nacha nei?

REKOMMANDEUR: Ja, der andere Taucher.

VALENTIN: Ja, is im Meeresgrund noch a anderer Taucher
drunt?

REKOMMANDEUR: Nein, aber wenn halt grad einer drunten
wär, dass der andere dann hineinschau'n kann, ob da wirklich
einer drin ist.

VALENTIN: Ja, was tut nacha der drinnere, wenn der draussere
von heraussen hineinschaut?

REKOMMANDEUR: Dann schaut der raus, ob der andere wirklich hineinschaut.

VALENTIN: Wenn der aber net neischaut?

REKOMMANDEUR: Dann schaut der andere net raus.

VALENTIN: Aha – dös is ganz praktisch, – in dem Fall bräuchten
dann gar keine Fenster drin sein.

REKOMMANDEUR: ...... Wie Sie sehen, meine Herrschaften,
atmet der Taucher jetzt noch die irdische Luft ein, sobald aber
dem Taucher die Verschlusscheibe eingeschraubt wird, wie
Sie hier sehen,.......

VALENTIN: Na derstickt er!?

REKOMMANDEUR: Reden's doch nicht so saudumm drein, der
erstickt eben nicht, der kann nicht ersticken, weil ihm künst-
liche Luft zugeführt wird aus der komprimierten Luftflasche.
(Zeigt dieselbe) Der Taucher ist nun tauchfähig und geht ins
Wasser. *Imitation Wassergeplätscher.*

VALENTIN: Aus Liebesgram?

REKOMMANDEUR: Nein - er steigt in diesen tiefen Wasserbassin
hinunter[.]

VALENTIN: Ja – warum?

KARLSTADT: Warum!, – also du kannst saudumm frag'n!
Warum stehst denn du da?

VALENTIN: Dass i an Taucher siehg!

KARLSTADT: Na also!

REKOMMANDEUR: Sie sehen, der Taucher ist jetzt unter Wasser
und wird jetzt unter Wasser arbeiten.

KARLSTADT: Arbeitet der am Sonntag a?

REKOMMANDEUR: Aber nein, am Sonntag geht der Taucher in die Kirche wie jeder andere Mensch auch.

VALENTIN: In dem Taucherg'wand?

REKOMMANDEUR: ....Ich gebe nun dem Taucher eine leere Schiefertafel. Der Taucher wird unter dem Wasser etwas auf die Tafel schreiben.

KARLSTADT: Da bin i g'spannt, was der draufschreibt!

REKOMMANDEUR: *(Die nasse Tafel zeigend)* Der Taucher hat auf die Tafel geschrieben: »Ich habe grossen Durst!«

VALENTIN: Im Wasser drin hat er Durst!

REKOMMANDEUR: Nun wird sich der Taucher unter Wasser schneuzen, wozu er ein wasser-dichtes Sacktuch benützt. Es wäre natürlich unanständig, wenn ich Ihnen dieses gebrauchte Taschentuch zeigen würde.

VALENTIN: Ja, Sie – Herr Taucherbesitzer, wenn aber der Taucher unterm Wasser hinaus muss?

KARLSTADT: Der muass doch net naus, drum hat er ja a wasserdicht's G'wand o.

REKOMMANDEUR: Sehen Sie jetzt, meine Herrschaften, genau hinunter in die Tiefe. – Eben hat der Taucher unter Wasser mittels einer Taucherlaterne Licht gemacht.

ALLE: *(lehnen sich stark über das Geländer)* Wir seh'n kein Licht!

REKOMMANDEUR: Bitte die Herrschaften, sich nicht zu weit über das Geländer zu beugen, damit das Geländer nicht bricht!

(Alle Zuschauer fallen in das Wasserbassin und plätschern darin herum).

REKOMMANDEUR: Das war der Schluss unserer kleinen Vorstellung!

Wissenschaftssatiren

Der Regen
Eine wissenschaftliche Plauderei

Der Regen ist eine primöse Zersetzung luftähnlicher Mibrollen und Vibromen, deren Ursache bis heute noch nicht stixiert wurde. Schon in früheren Jahrhunderten wurden Versuche gemacht, Regenwasser durch Glydensäure zu zersetzen, um binocke Minilien zu erzeugen. Doch nur an der Nublition scheiterte der Versuch. Es ist interessant zu wissen, daß man noch nicht weiß, daß der große Regenwasserforscher Rembremerdeng das nicht gewußt hat. Siedendes Regenwasser gehört zu den heissesten Flüssigkeiten der Gegenwart. Dem Regen am nächsten liegend ist der Regenwurm – er lebt vom Regen, genau wie der Regenschirmfabrikant. Regenschirm und Sonnenschirm sind zwei gleiche Begriffe und doch würde ihre Verwechslung zu einer nicht vorausgeahnten Katastrophe führen, denn einen Regenschirm kann man im Notfalle als Sonnenschirm benützen, dagegen kann man einen Sonnenschirm im Notfalle kaum als Regenschirm benützen.

Die Regentropfen gleichen in der Form den Hoffmannstropfen, die, an der Medizinflasche hängend, eine ovale, frei in der Luft schwebende, eine runde – und auf einer Tischplatte liegend, eine platte Form besitzen. Regenwasser benützt man häufig zum Gießen von Wiesen, Gräsern, Blumen, Unkraut und Gärten. Kinder benötigen den bekannten Mairegen zum Wachstum, und es ist statistisch nachgewiesen, daß die Kinder wirklich wachsen, auch wenn sie nicht mit Mairegen begossen wurden. Der allerschönste Regen ist der Regenbogen – gar kein Vergleich mit dem Münchner Maffeibogen, jener ist ein Wunder des Himmels, letzterer ein Greuel der Stadt München. Nur an Farbenschönheit überragt ersterer den letzteren.

Das Regenwetter wird oft mit Sauwetter, Hundswetter betitelt. Die Theater-, Kino- und Kaffeehausbesitzer haben derlei Ausdrücke noch nie über ihre Lippen gebracht. Heftige Regengüsse nennt man Wolkenbrüche, damit ist gemeint, daß irgend eine Wolke so schwer mit Wasser gefüllt ist, daß sie bricht, welchen Vorgang man beim menschlichen Biermagen mit Katzenjammer bezeichnet. Gegenmaßnahmen zur Heilung von Wolkenbrüchen sind zur Zeit noch nicht gemacht worden, da Wolkenbruchbänder der großen Dimensionen halber noch nicht hergestellt werden können und zwar aus technischen Gründen.

Künstlicher Regen wird durch Gießkannen erzeugt. Unglaubliche Sitten und Bräuche werden aus dem Mittelalter erzählt. Ich zähle hier schon einige mehr an Aberglauben grenzende Tatsachen auf: Bei den alten Germanen wurden schnell alternde Kinder mit frisch gefallenen Regentropfen geimpft. Während dieser Injektion mußte der Urgroßvater des betreffenden Kindes einen vierstimmigen Choral singen. Ein weiterer Aberglaube bestand darin, Ehesünder auf folgende Art zu entlarven: Bei strömendem Regen mußte der Ehemann 100 Meter weit laufen, unmittelbar nach seiner Ankunft am Ziel wurden die – auf seinen Körper gefallenen Regentropfen schnell gezählt, waren es über 1000 Tropfen, war er ein Ehesünder.

Weitere wissenschaftliche Fortschritte über Regenwasser sind bis heute noch nicht gemacht worden. – Die Feuchtigkeit des Regens soll auch im Mittelalter nicht so stark gewesen sein, wie heutzutage, was ja auch der jüngstvergangene langanhaltende Regen beweist. Denn die verflossene Feuchtigkeit konnte nicht mehr mit Bodenfeuchtigkeit, sondern mit Hochwasser angedeutet werden. Und was Hochwasser bedeutet, wissen wir alle noch von der Sündflut her, die vielen unvergeßlich bleiben wird. Aber dennoch denken wir dabei an die Worte des Dichters:

Sich regen – bringt Segen.

Unsere Haustiere

Ein Vortrag gehalten von Prof. Karl Valentin,
Ordinarius der Viecherei in München.

Sehr geehrter Zuschauerraum, es freut mich hundsgemein, nein! ungemein, daß Sie sich heute zu meinem wissenschaftlichen Vortrag über den Nutzen und Schaden der Haustiere hier eingefunden haben. Wenn man von Haustieren spricht, so ist jeder darüber im Zweifel, handelt es sich hier um die Haustiere am Haus oder im Haus. – Mein heutiger Vortrag behandelt die Haustiere im Haus. Unter einer Haustüre und einem Haustier ist ein himmelweiter Unterschied, denn erstere ist aus Holz, letzteres aus Fleisch und Blut.

Eines unserer bekanntesten Haustiere ist der populäre schwarz-bläuliche Küchenschwabe. Er wird in vielen Fällen über 6 bis 4 Wochen alt und findet meist einen unnatürlichen, jedoch schnellen Tod durch die menschliche Schuhsohle. Der bekannte Knall beim Zertreten eines Küchenschwaben wird durch Eindrücken des Brustkorbes hervorgerufen. Der Küchenschwabe läuft sehr schnell, was darauf schließen läßt, daß es ihm die meiste Zeit pressiert. Sind mehrere Schwaben beisammen, so nennt man das einen Schwabenschwarm, sind es ausgerechnet 7 Stück, so sind das 7 Schwaben, welche aber mit den 7 Schwaben nicht identisch sind. Erstere haben ihre Heimat in der Küche, letztere in Ulm.

In meiner nächsten Abteilung stehe ich im Zeichen der Wanze. – Liebe Zuhörer und Zuhörerinnen! Von der Wanze glaube ich Ihnen nicht viel sagen zu brauchen, denn Sie alle kennen ja das Leben und Treiben dieses scheußlichen Blutsaugers von der Schule her, wo Ihnen das Tier schon näher erklärt worden ist.

Ich komme nun zum dritten Haustier, zum Floh. Hier ist es mir möglich gewesen, eine photographische Abbildung zu gewinnen. Eine geradezu wahnsinnige Arbeit war es, dieses flinke Tierchen zu photographieren. Über dreitausendmal hüpfte es dem Photographen aus der Stellung, und nur durch gutes Zureden ist es ihm gelungen, das Tier zu einer Momentaufnahme zu bewegen. – Der Floh nährt sich vom Blut des Menschen, oder, besser ausgedrückt, vom menschlichen Blut, nach eigener Erfahrung und Ansicht ist ein Floh trotz seiner winzigen Körpereigenschaft imstande, 60 Liter Menschenblut in sich aufzunehmen.

Wir kommen nun zu der Laus. – Die Laus bewohnt den Haarboden des menschlichen Kopfes. Nicht jeder Mensch ist mit Läusen geplagt. Am meisten werden davon die Buben heimgesucht. Ist ein Bube mit Läusen bedacht, so entsteht daraus der sogenannte Lausbub. Bei älteren Personen, Glatzköpfe oder Plattenberger genannt, finden diese Liliputschildkröten keine Wohnstätten. Die zweite Abart sind die Gewandläuse, welche sich im Gewand der Menschen aufhalten. Adam und Eva im Paradies kannten diese Sorte Läuse nicht, da dieselben kein Gewand besaßen, sondern nur Blätter. Es gibt auch Blattläuse, welche aber nicht zu den Haustieren gehören. Eine vierte Art von Läusen ist mir noch bekannt, die sich aber nur in Bierfilzeln und Filzschuhen aufhalten. – Eine Laus tritt nur einen Tag auf, ist von den Kindern gefürchtet und heißt Nikolaus. – Auch die Bühnenkünstler, Sänger, Schauspieler und Komiker haben die Läuse gern, jedoch nicht Kopfläuse, sondern Appläuse.

Nach Erklärung der kleineren Haustiere folgen nun die Haustiere größerer Körpereigenschaften. Da steht in erster Linie die Maushaus, nein! Hausmaus. Die Maus besteht nach zoologischer Feststellung aus Mau und Ringl-s und ist mit einem mausgrauen Fell überzogen. Die Maus läuft auf vier Füßen oder in die Mausfalle. Sind zwei Mäuse beisammen, so vermehren sie sich sehr schnell. Die jungen Mäuse dagegen sind um ein großes Stück kleiner als die älteren. Die Maus verwandelt sich oft sehr schnell. Fällt eine Maus in einen Honigtopf, so entsteht daraus eine zuckersüße Maus. Am wohlsten fühlt sich die Maus im Loch, im Mauseloch, auch ich... bin der Überzeugung. Die nächsten Verwandten der Maus sind die Ratten, im Volksmund der Ratz genannt. Die Ratzen sind häßliche Tiere und man nennt einen Ratzen im allgemeinen »schialige Ratz«.

Sechstes Tier: Die Fliege. Die Fliege gehört zum Geflügel. Die Fliege ist eines der reinlichsten Haustiere. Es ist festgestellt, daß die Fliegen sehr oft heiße Bäder nehmen. Zum Ärgernis der Hausfrau nehmen sie diese Bäder im Suppenhafen. Die Fliege dient auch als Nahrungsmittel, jedoch nicht für den Menschen, aber für den Laubfrosch. Die Fliege wird von den Menschen sehr lästig befunden, weshalb man ihr todbringende Fallen stellt, in Form von Fliegenhüten. Ein Fliegenhut ist ein Apparat aus Packpapier, welcher im 75. Gradwinkel zu einem komischen, nein! konischen Zylinderkegel geformt und mit einem zähen Leim, sogenannten Fliegenleim bestrichen ist. Stellt man die auf lateinisch mit Papp bestrichene »Stranitze« auf eine flache Ebene, Küchentisch usw. und die Fliege bemerkt diesen Vorgang, nähert sich die Fliege diesem Apparat, umkreist ihn summend, bei der Fliege treten sodann indirekt Halluzinationen ein, sie ist der sicheren Meinung, der auf dem Papierkegel befindliche Leim ist kein Leim, fliegt auf den Leim, und siehe da, sie paapt, nein! pappt.

Der lächelnde Blick der Fliege verschwimmt, in ihren Gesichtskreis tritt ein leichtes Erröten ein, die Flügel werden schlapp, weil sie voll Papp, und mit stierem Blick erwartet sie das langsame Sterben. Mit Aufgebot aller Kräfte entreißt sie einen Flügel aus der klebrigen Masse, um mit demselben Schwingungen zu erzeugen, der durch Vibrationen summende Schallwellen hervorruft. Durch dieses Gesumm werden die anderen Fliegen auf die traurige Situation ihrer Kollegin aufmerksam, fliegen hilfebringend herbei und auch sie pappen. (Sakra, jetzt papp i aa.)

Zum Schluß das letzte Haustier, die Kuh. Leider ist es mir wegen Mangel an Platz unmöglich, ein lebendes Exemplar einer Kuh mitzubringen. Ich finde es auch nicht durchaus nötig, denn ich setze voraus und bin überzeugt, daß die meisten der Anwesenden schon eine Kuh gesehen haben. Ich bediene mich deshalb einer Kripperlfigur zur näheren Erklärung. Der Hauptbestandteil der Kuh ist die Milli, kurz gesagt die Milch. Die Milch ist das flüssigste Nahrungsmittel außer dem Wasser. Die Milch ist an ihrer weißen Farbe erkenntlich. Die Milch kann in Tassen, Flaschen, Büchsen, Gläsern, oder anderen hohlen Gefäßen aufbewahrt werden. Ist zum Beispiel ein Kübel voll Milch, so nennt man sie Vollmilch. Die Milch gewinnen wir Menschen von den Bauern oder von der Ziege; die bekannteste Milch ist jedoch die Kuhmilch, es gibt auch Lilienmilch, nur werden die Lilien nicht gemolken, sondern gepflückt. Wir haben auch Milchstraßen, eine am Himmel, eine in Haidhausen. Diese kommen aber zur

Milchlieferung nicht in Betracht. Wird zum Beispiel die Kuh-milch auf dem Feuer gesotten, so entsteht daraus die sogenannte heiße Milch, welche zum Kochen verwendet werden kann. Die Milch ist am leichtesten zu verdauen, da sie weder gebissen, noch trichinenfrei ist. Die Milch kann getrunken, gefahren oder getragen werden. Viele Frauen können die Milch trinken, aber nicht tragen, da dieselben keine haben. Schüttet man in die Milch Kaffee, entsteht daraus Melange, schüttet man in die Milch Wasser, so ist es eine Gemeinheit, welche mit Gefängnis bestraft wird, und der Milchfrau wird die Milch entzogen, oder besser gesagt die Konfession. Die neueste Entdeckung aus Milli Soldaten herzustellen, steht wohl einzig in der Welt. Der be-rühmte Komiker Rzpleckp hat diese Erfindung einem eigenen Zufall zu verdanken; das Rezept ist folgendes: man nimmt einen großen Kübel Teer, gießt in diesen Teer Milli, vermengt die Milli mit dem Teer und es entsteht daraus Militär. –

Ich beschließe nun meinen wissenschaftlichen Vortrag und fordere Sie auf, sich von den Sitzen zu erheben und mit mir in den Ruf einzustimmen: unsere sämtlichen Haustiere, sie leben, vivat hoch! hoch! hoch!

Nachwort

Karl Valentin hatte eine ambivalente Einstellung zur Technik und zu den zivilisatorischen Veränderungen, die unsere moderne Lebenswelt nachhaltig geprägt haben. Die Elektrizität, die Eisenbahn, das Automobil oder die Luft- und Raumfahrt sind Objekte seiner Neugier und seiner Ängste gewesen. Er war zuweilen von der Technik derart fasziniert, daß er alle Neuheiten wie Wunderwerke bestaunen konnte. Er wirkte dann wie von einem Technikenthusiasmus befallen und überwältigt. Seine Kenntnisse bezog er aus der Presse, die er daraufhin sorgfältig studiert hatte. Handwerkliche Fähigkeiten hatte er sich während seiner kurzen Laufbahn als Schreiner (Lehrzeit 1897–99) beigebracht. Bereits sein Orchestrion – ein Musikapparat mit circa 20 Instrumenten, die er alle gleichzeitig spielen konnte – dokumentiert seinen Hang zum Austüfteln von Maschinen. An diesem Apparat bastelte er mehrere Jahre (1903–06), bis er mit ihm 1907 auf Tournee ging, die ein totaler Mißerfolg wurde. Die Requisiten für seine Stücke hat er später weitgehend selbst entworfen und fabriziert.

Die Neugier des Komikers galt gleicherweise der Erprobung von neuen technischen Möglichkeiten wie dem Risiko des Scheiterns. Die Angst vor einem Mißerfolg dämpfte Valentins Interesse an der Technik erheblich. Seine Hypochondrie, die ihm zwanghaft nur Katastrophen vor Augen führte, vergällte ihm die Freude an Innovationen und technischen Abenteuern. Exemplarisch kommt diese hypochondrische Technikfeindlichkeit in einer Strophe des Couplets »Wenn ich einmal der Herrgott wär'« zum Ausdruck:

> Wenn ich einmal der Herrgott wär'
> Mein zweites wäre dies'
> Ich schüfe alle Technik ab,
> 's wär besser, ganz gewiss.
> Dann gäb' es auch kein Flugzeug mehr,
> Oh Gott! Wie wär das nett!
> Und ohne Angst, da gingen wir
> Allabendlich ins Bett.

Valentin zog es in die Höhe, und er versuchte mittels seiner literarischen Aviatik vom Boden abzuheben. Allerdings kam er bei seinen Versuchen, die Schwerkraft zu überlisten, nie über eine Inszenierung des Starts hinaus: Die Startvorbereitungen für die Mondfahrt drehen sich im Kreise; der Anfang der Weltreise wird mehrfach wiederholt, so daß die Reisenden sich nur um ihre eigene Achse drehen. Es ist für viele Szenen und Stücke Valentins typisch, daß sie gleich anfangs ins Stocken geraten und keine Fortsetzung mehr finden. Im Anfang stecken noch alle Möglichkeiten, die fortlaufend ausgeschaltet werden – und die Texte schwenken um auf ein Arsenal von Unmöglichkeiten.

Trotz der oft festgestellten Nähe zur Aviatik und Technikbegeisterung der Futuristen nimmt der Münchner »Wortsteller« eine im Grunde eher skeptische Position gegenüber dem technisch Machbaren ein. Der Sturz stand ihm bei jeder Erhebung vor Augen, und die Wahrscheinlichkeit einer technischen Panne bedrückte ihn so sehr, daß er auf jedes Wagnis verzichtete. Was er zuletzt unternahm, waren bloße »Sturzflüge im Zuschauerraum«, die ungefährlich sind, weil sie sich nur in der Sprache halsbrecherisch auswirken können.

Mit seinen Mondflug-Texten setzt Karl Valentin scheinbar die Tradition der Weltraum-Literatur fort, die in Jules Verne ihren prominentesten Ahnherrn besitzt. Im Gegensatz zu Jules Verne gibt es aber bei Valentin keine »Reise um die Erde in 80 Tagen«, keine »Reise um den Mond« mit imaginierten Landungen auf einem fernen Himmelskörper. Mit der Komik stellte Valentin alle technischen Utopien in Frage. Das Besondere an einem technischen Ereignis wird für ihn die Verhinderung, die Unterbrechung, der Abbruch: Er ist ein virtuoser Abbruch-Spezialist, der sich aus einem drohenden Debakel mit dem Witz rettet. Valentin ist auch weit entfernt von den modernen Märchen der Science-fiction-Literatur, die nicht Vergangenheit nacherzählen, sondern Zukunft vorausentwerfen. Science-fiction ist eine literarische Form der Bewältigung des Neuen, der technischen Novität. Die Beschleunigung der wissenschaftlichen Entwicklung bringt es jedoch mit sich, daß die literarischen Fiktionen rasch entwertet werden, weil sie kaum mit dem Tempo der realen Entwicklung Schritt halten, viel weniger noch der Ent-

wicklung vorauseilen können. Valentin betrachtet die Welt-
raumfahrt anachronistisch aus der Perspektive des Handwer-
kers, der mit einfachen Flugmaschinen die Lüfte erobern
möchte. Der Kontrast von notwendiger Großtechnologie und
handwerklichem Gerät zeigt die Unangemessenheit, die Absur-
dität seiner Bemühungen an. Im Hintergrund steht dabei seine
Auffassung, daß auch die Technik am Maß des Menschen zu
messen sei (in Valentins Stücken spielen Messen und Maß in
ganz unterschiedlicher Bedeutung eine zentrale Rolle).

Karl Valentin erlebte die moderne Welt wie ein Labyrinth.
Verwicklungen und Verwirrungen in der Kommunikation oder
im Straßenverkehr empfand er als so einschneidend, daß er den
möglichen Nutzen neuer Technologien fast völlig vergaß. Im
Automobil und im damaligen Straßenverkehr, der geradezu
harmlos war im Verhältnis zur heutigen Massenmobilität, sah er
eine Bedrohung für Leib und Leben. Er entwarf deshalb eine
neue Verkehrsordnung (»Auf dem Marienplatz«), um durch
eine Einteilung von Fahrzeiten und Fahrverboten den Automo-
bilfluß zu kanalisieren. Nur an Sonn- und Feiertagen sind die
Straßen für Fußgänger offen, für Fahrzeuge aller Art dagegen
gesperrt: »Auf diese Weise könnte nie mehr ein Mensch überfahren werden.« Diese Verkehrsordnung, die stunden-, tag-,
monats- oder jahrweise die jeweiligen Verkehrsteilnehmer fest-
legt, würde natürlich am Ende ein derartiges gesellschaftliches
Chaos erzeugen, das die Turbulenzen auf der Straße idyllisch
erscheinen ließe. Deshalb sucht Valentin für seine neue Idee auch
ganz bestimmte Partner: »Jeder Irrsinnige wird mir voll und
ganz beistimmen.«

Der Kauf eines elektrischen Straßenbahnmotorwagens für
Privatzwecke scheidet für ihn aus (»Lernt Autoen!«), denn die
Gleise erlauben nur, die immer gleiche Strecke zu fahren. »Da
ich doch alle Tage wo anders hinfahren will, müßte ich natürlich
alle Tage andere Geleise legen lassen. Dies war der Grund, daß
ich mich zu einem schienenlosen Fahrzeug entschlossen habe.«

Das Couplet »Das Volksauto« (1939/40) ist ein direkter
Kommentar zum Projekt »Volkswagen«. Dieser war ein Teil der
NS-Ideologie, denn das Auto sollte aufhören, ein Statussymbol
zu sein. Die ersten Skizzen der »Käfer«-Form stammten von

Hitler; konstruiert wurde das Fahrzeug von Ferdinand Porsche. 1938 wurde eigens als Produktionsstätte die »Stadt des KdF-Autos«, das spätere Wolfsburg, gegründet. Die Freizeitorganisation ›Kraft durch Freude‹ (KdF) verkaufte Sparkarten zu fünf Mark zur Finanzierung des 1000 RM teuren Autos, dessen Auslieferung an die insgesamt 336 000 Besteller vom Krieg vereitelt wurde. Die Moral dieser Geschichte ist valentintypisch: Da das Autofahren nur auf dem (Auto-)Friedhof enden kann, soll man doch lieber zu Fuß gehen.

Ähnlich motiviert wie die Moral des Couplets ist der Artikel »Warum werden die Menschen von Fahrzeugen überfahren?«: durch die Angst des Komikers vor einem Unfall. Valentin hatte im Mai/Juni 1927 eine Fahrschule besucht. Er erhielt auch den erforderlichen »Nachweis über die Erlernung des Fahrdienstes«, er kam aber drei Aufforderungen zur Prüfung nicht nach und verlor das Prüfungsrecht.

Eine vergleichbare Unfallangst und Panikstimmung wie bei der Einrichtung der Eisenbahn läßt sich auch bei dem Aufkommen des Automobils feststellen. Die Bewertung dieser Neuheit war durchaus widersprüchlich: negativ – ein Unglückswagen, eine rasende Mordmaschine, und dies bei ca. 30 km/h. Die Möglichkeiten und der Einsatz des Autos wurden aber auch mit allen erdenklichen liberalen Wertungen versehen: Es bedeute Befreiung, Loslösung vom Zwang der trägen Materie, Mobilität, Weltoffenheit, Kosmopolitismus. All die Reizwörter, die von den Automobilclubs heute so gern auf ihre Plakate geklebt und von bestimmten Ökologen befehdet werden, finden sich bereits in der Debatte um das Automobil in seiner Frühgeschichte. Dazu soll ein Hinweis auf den ersten deutschen Automobilroman und Automobilreisebericht gegeben werden. Otto Julius Bierbaum hat 1903 seine »Empfindsame Reise im Automobil« mit einer Anspielung im Titel auf Sternes »Sentimental Journey« veröffentlicht. Drei Jahre später hat Bierbaum dann eine Autoreisereportage unter dem Titel »Mit dem Automobil nach Weimar« geschrieben. Die Assoziation von Automobil und Weimarer Klassik, die der Titel nahelegt, war durchaus beabsichtigt, denn der Text entpuppt sich als »klassisches« Zeugnis der Automobil-Ideologie. Dafür soll exemplarisch nur ein

Zitat stehen: »Der Sinn des Automobils ist nicht, die Schnellig-keit der Eisenbahn zu übertrumpfen, ist nicht Rekord, ist nicht Sport. Der Sinn des Automobils ist Freiheit, Besonnenheit, Selbstzucht, Behagen.« Dieser Feststellung hätte sogar Karl Valentin beipflichten können.

Wie schwierig die Kommunikation am Telefon sein kann, er-fahren wir aus Valentins Dialog »Buchbinder Wanninger«, in dem jedoch weniger die Technik als die soziale Hierarchie einem Gespräch im Wege steht. Das Telefonieren hat K.V. mehrfach zum Gegenstand seiner Dialoge und Szenen gemacht. In »Die öffentliche Telefonzelle« wird durch alle möglichen Umstände das Anrufen verhindert, in »Zwickmühle« ein untreuer Ehe-mann beim Telefonieren fast überführt. Das Telefon war an-fangs dem Verdacht ausgesetzt (ähnlich wie die Neuen Medien), es würde die Menschen isolieren; sie wären nur noch indirekt untereinander verbunden; der Verlust des direkten Gesprächs- und Augenkontaktes würde erhebliche Folgen für das soziale und diskursive Gefüge haben. Diese Einschätzung wurde zwi-schenzeitlich widerlegt durch die Praxis. Jean Cocteau hat in sei-nem Monolog »Die geliebte Stimme« (1930) alle Register der Telefonqualen gezogen. Heute herrscht eher die Angst vor einem Kommunikationsriß vor, was die Konjunktur der Anrufbeant-worter und neuestens der Handys belegt: Der Alptraum besteht in der Vorstellung, nicht erreichbar, von der Zirkulation der In-formationen ausgeschlossen zu sein.

Ein eigener thematischer Komplex im Gesamtwerk Valentins ist der Zeit und den Uhren gewidmet. Im Olympiastadion wollte er 1936 die Wettkämpfe erleben, er kam aber zu spät. »Nur *einen* Tag zu spät und dennoch zu spät! [...] Trotzdem ich mich setzte, war es doch entsetzlich, als ich allein dasaß, in einer Hand die verfallene Eintrittskarte, die andere Hand in meiner eigenen Ho-sentasche. – Um mich herum saß nirgends jemand – das große Schweigen ringsumher war still und lautlos. – Meine einzige Un-terhaltung war das Warten. Zuerst wartete ich langsam, dann immer schneller und schneller, kein Anfang der Olympischen Spiele ließ sich erblicken...« (»Karl Valentins Olympiabe-such«).

Oder er vertauscht Raum und Zeit, so daß es zu einer für seine Komik charakteristischen Kategorienverwechslung kommt: »Ich weiß nicht mehr genau, war es gestern, oder war's im vierten Stock oben, da bin ich mit meiner Mutter ins Gärtnertheater gegangen« (»Im Gärtnertheater«).

Uhren tauchen in allen möglichen Varianten bei ihm auf: Uhren mit und ohne Zeiger; Wanduhren, die er sich an die Brust statt an die Wand hängt; defekte Uhren, die er mit sich herumträgt oder Uhren, die nur als Gegenstand einer Ballade existieren. Die komischen Zeiten spielen bei Valentin stets auf Alltagssituationen an, in denen durch falsche Zeiten und stehengebliebene Uhren eine Schieflage entsteht, die ein sinnvolles Handeln unmöglich macht: Die Uhrzeit bietet kein Ordnungsmuster mehr für die ablaufenden Prozesse und für zielgerichtetes Handeln.

Chaotische Verhältnisse entstehen besonders in der Rundfunk-Szene »Im Senderaum«. Valentin als dilettantischer Tonmeister stört zuerst durch sein irres Hantieren die Stille des Senderaums, dann sprengt er den pathetischen Vortrag des Kammerschauspielers, der Schillers »Glocke« rezitiert. Die Geräuschkulisse verselbständigt sich und übertönt den klassischen Bildungstext, bis am Ende alles außer Rand und Band gerät. Darin zeigt sich gewiß auch Valentins anarchistische Lust am angerichteten Tohuwabohu eines Perfektion voraussetzenden Mediums. Seine subversive Dramaturgie zielt auf die Auflösung von Pathos und einer Bildungsattitüde, die der gestelzte Schauspieler ins neue Medium Rundfunk tragen möchte. Zugleich demonstriert er die Störanfälligkeit von Studioproduktionen und von Rundfunksendungen.

Vor dem Einstürzen waren die Brücken in München trotz neuer Baumaterialien und Konstruktionen nicht gefeit. Valentin nimmt ganz konkret Bezug auf den Einsturz der Prinzregentenbrücke 1899 infolge Hochwassers, der damals die Öffentlichkeit aufgeschreckt hatte. »Aber wie die fünf Brücken aus Eisenstahlbeton fertig waren, ist ein Hochwasser gekommen und hat die fünf Eisenstahlbetonbrücken weggeschwemmt. Die drei alten hölzernen Isarbrücken sind stehen geblieben, weil die nicht aus Eisenstahlbeton waren« (»O Tannenbaum....«). Bei diesem Ereignis kommt Valentins Vorliebe für die alte Handwerkertradition und seine Abneigung gegen die moderne, fragile Technik voll auf ihre Kosten.

Der technische Fortschritt wird getragen durch Innovationen, durch neue Erfindungen. Diesen hat sich K. V. mehrfach angenommen, wobei seine Einfälle stets Nutzloses hervorbringen. Bei seinen absurden Objekten geht der Zweck ins Leere; die vorgespiegelte Pragmatik einer Erfindung rettet sie nur für den Humor. Da gibt es die »zeitgemäße Erfindung«, einen Fisch mit Eisenspänen zu füttern und ihn dann mit dem Magneten statt mit der Angel zu fangen; oder die Patente einer Hausfrau (»Die Erfinderin«) als Verbesserungen und Neuigkeiten von Haushaltsgegenständen. So wird die »staubfreie Wohnung« dadurch erreicht, daß der Staub erst gar nicht hereingelassen wird. Mit Ritzenkitt und Ritzenklebebändern wird alles dicht gemacht, besonders die Wohnungstüre, durch deren Öffnen der meiste Staub ins Haus gelangt. Wie man dann noch in die Wohnung hinein- oder aus ihr herauskommt, darüber hat die Erfinderin allerdings noch nicht nachgedacht: Die perfekte Lösung eines Problems setzt alle Funktionen außer Kraft, »der raffinierteste Erfinder kann auch einmal eine Dummheit machen«.

In dem parodistischen wissenschaftlichen Lehrfilm »K-J-S-. (Katzenjammer-Jmpf-Serum)« nimmt K. V. ein Selbstexperiment vor: Er zeigt an sich selbst die schädlichen Wirkungen des Alkohols und die Befreiung von einem Katzenjammer. Als Versuchskaninchen hat sich der Hypochonder Valentin auch immer wieder Arzneimittelfirmen angedient, selbst für Krankheiten, die er gar nicht hatte. Es ist jedoch für einen Hypochonder bezeichnend, daß er dann, wenn er eine Krankheit nicht hat, glaubt, dafür besonders disponiert zu sein.

Eine Neuheit auf dem Oktoberfest (»Oktoberfest 1927«) ist das Kino. Eine berühmte Filmsequenz wird gezeigt: der Zug rast auf das Publikum zu, er scheint in den Zuschauerraum hineinzufahren, aber es ist nur eine optische Täuschung. Valentin erweist sich hier als Kenner der Filmgeschichte, denn mit den Versionen des einfahrenden Zuges beginnt die Geschichte des Films. Auch die Münchner Kinogeschichte wird mit einem Eisenbahn-Film eröffnet. 1896 zeigte der Schausteller Carl Gabriel die ersten »lebenden Bilder« in seinem Panoptikum in der Neuhauser

Straße. Das kaum 15 Minuten dauernde Programm umfaßte die Filme: »Ein heranbrausender Eisenbahnzug«, »Eine Schlangendompteuse«, »Ein Kettenspringer«, »Das Aufziehen der Hauptwache«. Der Film «Berlin. Die Sinfonie der Großstadt« (1927) von Walter Ruttmann, einer der klassischen Großstadtfilme, intoniert ebenfalls mit einer Eisenbahnsequenz.

Die Arche Noah war für K. V. ein technisches Wunder, denn er verstand die entsprechende Bibelpassage nicht als mythologische Erzählung, sondern als Tatsachenbericht. Ihr Ausmaß mußte unvorstellbar groß gewesen sein, wenn sie eine solche Sammlung aller möglichen Tiere aufgenommen hatte. Der Komiker stellt mit der ihm eigenen Präzision die Wahrscheinlichkeit der Geschichte in Frage, allein aus technischem Verstand.

Anders erging es ihm mit der Tücke des Objekts. Dieses Thema geht zurück auf den spätidealistischen Philosophen und Ästhetiker Friedrich Theodor Vischer und seinen Roman »Auch Einer« (1879). Bei Valentin nehmen die Dinge zuweilen ein Eigenleben an und entziehen sich dadurch der Verfügung durch den Menschen. Beispielsweise ein Photoapparat: »Seit 1¼ Jahren apparate ich mit dem Photographie – umgekehrt wollte ich sagen, photographiere ich mit dem Apparat und krieg nichts fertig. – Ich glaube das liegt an der Witterung – oder besser gesagt – es muß alles gelernt sein. Meine Bilder werden halt nichts. Sehn's da hab ich meine Nichte gemacht, die ist überhaupt nicht zum photographieren, des sagt schon das Wort Nicht-Nichte.« Wie er photographiert – »futuristischer kanns der modernste Sezessionist net maln.« Die Tücke liegt in den Objekten, aber auch in der Sprache, wie das vorangegangene Beispiel belegt. Es ist ein ständiger Kampf mit den Wörtern und den Sachen, den Valentin führt. Er überlistet sich manchmal sogar selbst; der Gegenstand macht alle Intentionen zunichte.

Schließlich hat K. V. in seiner Wissenschaftssatire die Begriffs- und Einteilungswut mancher Forscher in »Unsere Haustiere« und den Wissenschaftsjargon in »Der Regen« karikiert. Seit Swifts »Gullivers Reise« (1726), darin die Akademie von Lagado, dem Prototyp der neueren Wissenschaftssatire, werden die Projektemacher und die akademischen Sprachverhunzer Zielscheibe des parodistischen Verfahrens der kritischen Vernunft.

Für Valentins Techniksatiren * gilt insgesamt, daß sie sich besonders auf die moderne Mobilität und ihre unterschiedlichen Verkehrsträger konzentrieren. Die Moderne als Form der Beschleunigung, als Eröffnung technischer Möglichkeiten gerät bei ihm unter das Verdikt der zunehmenden Sinnzerstäubung und der Bedrohung des Menschen. Die Abwehr durch Komik zählt zu den Waffen, die der Hypochonder einsetzt, um seine Verängstigung loszuwerden. Technik und Zivilisation sind in seinen Augen gleicherweise Wunderwerke wie Teufelsspuk, das Resultat eines – wie Tucholsky Valentins Witz bezeichnete – »Höllentanzes der Vernunft«.

Helmut Bachmaier

Literaturhinweise

Helmut Bachmaier (Hrsg.), Kurzer Rede langer Sinn. Texte von und über Karl Valentin, München 1990 (Serie Piper Materialien 907)

Michael Glasmeier, Karl Valentin. Der Komiker und die Künste, München/Wien 1987

Michael Schulte, Karl Valentin. Eine Biographie, Hamburg 1982

Klaus Zeyringer, Die Komik Karl Valentins, Frankfurt a. M. 1984

* Die Techniksatiren in vorliegender Ausgabe folgen mit wenigen Ausnahmen den Textfassungen des Nachlaßbestandes.